Salvador Cucó Pardillos

Diseño de la instalación eléctrica de una industria

Caso práctico

edUPV

Universitat Politècnica de València

Colección Académica http://tiny.cc/edUPV_aca

Para referenciar esta publicación utilice la siguiente cita:
Cucó Pardillos, Salvador. (2024). *Diseño de la instalacion electrica de una industria. Caso práctico.* edUPV.

Venta: www.lalibreria.upv.es / Ref.: 0235_03_01_01

ISBN: 978-84-1396-220-7
Depósito Legal: V-604-2024

Maquetación: Enrique Mateo, *Triskelion Diseño Editorial*
Imprime: Byprint Percom, S. L.

Si el lector detecta algún error en el libro o bien quiere contactar con los autores, puede enviar un correo a edicion@editorial.upv.es

edUPV se compromete con la ecoimpresión y utiliza papeles de proveedores que cumplen con los estándares de sostenibilidad medioambiental, https://editorialupv.webs.upv.es/compromiso-medioambiental

A mi mujer Elena y a mis tres hijos Boro, Paula y Elena.

A mi padre y a mi madre

Agradecimientos

A Óscar Arauz Montes, por la confianza depositada en mi persona.

Al Departamento de Ingeniería Eléctrica de la Universitat Politècnica de València.

Mi agradecimiento más grande a mi mujer Elena y mis tres hijos Boro, Paula y Elena por el tiempo que no les he podido dedicar durante la redacción de este texto.

Prólogo

El texto que se acompaña es el resultado del desarrollo de unos apuntes de instalaciones eléctricas, redactados para atender la materia en el Departamento de Ingeniería Eléctrica de la Universitat Politècnica de València.

No se trata de un texto teórico sobre instalaciones eléctricas de los que el lector puede encontrar numerosa bibliografía, sino un texto sencillo y práctico aplicado sobre un caso concreto que es desarrollado con todo detalle.

Entrando en el contenido del texto, éste incluye todos los conceptos y cálculos necesarios para determinar las necesidades de potencia así como el diseño y cálculo de la derivación individual e instalación interior de una industria. Y todo ello con constantes referencias al articulado del Reglamento electrotécnico de baja tensión y a las especificaciones particulares de las compañías de distribución eléctrica (se ha tomado como referencia la compañía Iberdrola).

Se destaca que el desarrollo del ejercicio pretende encontrarse con todos los problemas habituales en la redacción de un proyecto eléctrico de una instalación para una industria y, de forma deliberada, se repiten los razonamientos y las referencias a normativa en el diseño de cada circuito eléctrico, con el objeto final de que el lector asimile los conceptos y cálculos, y no los olvide a las pocas horas. Este método de redacción también resulta útil posteriormente si se utiliza como documento de consulta rápida.

Este texto está en permanente revisión y actualización, por lo que se indica a continuación la dirección de correo electrónico, donde el lector puede remitir sus comentarios, sugerencias, errores detectados, etc., para su consideración en ediciones posteriores: *scucop@telefonica.net.*

Junio de 2024

Salvador Cucó Pardillos
Ingeniero Superior Industrial

Cómo leer este texto

Como se ha indicado en el prólogo no se trata de un texto sobre instalaciones eléctricas, por tanto, el objeto del mismo no es explicar el funcionamiento de las mismas, remitiendo al lector a la amplia bibliografía existente.

El objeto del texto es la exposición detallada que conduce al proyecto y realización de una instalación eléctrica de un local comercial, concretamente una industria, ubicada en una nave de un polígono industrial.

El lector debe leer el texto manteniendo una continuidad, con el Reglamento electrónico de baja tensión a mano. En caso de necesitar conocimientos técnicos básicos sobre electrotecnia, debe consultar la bibliografía.

Índice

1. Introducción

El objeto de este texto es definir la instalación eléctrica de una industria química, ubicada en una nave en un polígono industrial, desde la previsión de potencia a su legalización final, pasando por el diseño de los diferentes circuitos, los esquemas eléctricos, las pruebas y el presupuesto de ejecución, todo ello con un enfoque profesional práctico.

2. Normativa de aplicación

Guía técnica de aplicación del Reglamento electrotécnico de baja tensión.

Iberdrola MT 2.80.12, especificaciones particulares para instalaciones de enlace. (no aprobada).

Iberdrola NI 76.50.01, cajas generales de protección. (no aprobada).

Iberdrola NI 42.72.00 Instalaciones de enlace. Cajas de protección y medida. (no aprobada).

Iberdrola MT 2.80 13, Guía para instalación de medida en Clientes de baja tensión con potencia contratada superior a 15 kW (medida directa e indirecta en BT) (clientes tipo 3 y 4). https://www.copitiba.com/files/NOTICIAS%20/MT_2_80_3_ACTUALIZACIN_ GUA.pdf

Ley 24/2013, de 26 de diciembre, del Sector Eléctrico.

Orden de 25 de julio de 1989 de la Conselleria de Industria, Comercio y Turismo, por la que se autoriza la norma técnica para instalaciones de enlace en edificios destinados preferentemente a viviendas. (Esta norma está ajustada al rebt de 1973).

Orden de 31 de enero de 1990, de la Conselleria de Industria, Comercio y Turismo, sobre mantenimiento e inspección periódica de instalaciones eléctricas en locales de pública concurrencia.

Orden de 12 de febrero de 2001, de la Conselleria de Industria y Comercio, de contenido mínimo de proyectos, modificada por la Resolución de 20.06.03 que la modifica.

Real Decreto 486/1997, de 14 de abril, por el que se establecen las disposiciones mínimas de seguridad y salud en lugares de trabajo.

Real Decreto 1955/2000, de 1 de diciembre, por el que se regulan las actividades de transporte, distribución, comercialización, suministro y procedimientos de autorización de instalaciones de energía eléctrica.

Real Decreto 1164/2001, de 26 de octubre, por el que se establecen tarifas de acceso a las redes de transporte y distribución de energía eléctrica.

Real Decreto 842/2002, de 2 de agosto, por el que se aprueba el Reglamento electrotécnico para baja tensión.

Real Decreto 2267/2004, de 3 de diciembre, por el que se aprueba el Reglamento de seguridad contra incendios en los establecimientos industriales.

Real Decreto 560/2010, de 7 de mayo, por el que se modifica, entre otras disposiciones, el Real Decreto 842/2002.

Real Decreto 1053/2014, de 12 de diciembre, por el que se aprueba la ITC-BT-52, "Instalaciones con fines especiales. Infraestructura para la recarga de vehículos eléctricos".

Real Decreto 298/2021, de 27 de abril, por el que se modifican diversas normas reglamentarias en materia de seguridad industrial. https://boe.es/boe/dias/2021/04/28/pdfs/BOE-A-2021-6879.pdf

Las especificaciones particulares aprobadas por el Ministerio se pueden encontrar en la siguiente dirección de internet:

http://www.f2i2.net/legislacionseguridadindustrial/EspecificacionesEmpresasSuministradoras.aspx?regl=RCESCT

3. Descripción de la industria

El edificio consta de una nave porticada de planta rectangular, aislada dentro de la parcela, de 22 metros de luz y 60 metros de longitud, con un altillo en la parte delantera de 22 metros de ancho por 8 metros de profundidad, situado a 4 metros de la solera de la nave.

Se dispone de una pendiente del 20 % para la cubierta y una altura de 7 metros en los aleros.

La estructura soporte está concebida como un conjunto de 11 pórticos de nudos rígidos construidos con perfiles de acero laminado IPE, más dos pórticos de fachada construidos de nudos articulados y de apoyo, construidos también con perfiles de acero laminado IPE.

La estructura del altillo está formada por perfiles de acero laminado IPE para las vigas y HEB para los pilares. El forjado está construido con placas de hormigón prefabricado.

La separación entre pórticos es de 4 metros para la zona ocupada por el altillo y de 5,20 metros para el resto de la nave, de forma que la longitud de la misma es de 60 metros.

Los cerramientos laterales y frontales son de placa prefabricada de hormigón armado desde cornisa a suelo.

La cubierta y la parte frontal y posterior de las fachadas, están construidas con panel sándwich, fabricada con chapa grecada de acero galvanizado G 05, que se une al cerramiento. Se dispone de un lucernario por faldón y vano, construido con metracrilato con cámara de aire entre láminas, para mantener la coherencia con la disposición de panel sándwich.

Tanto la planta baja como la planta primera del altillo, disponen de falso techo registrable, que soportará las luminarias y esconderá las instalaciones.

Se dispone de peto de igualación de alturas en la parte de la nave no contigua a las vecinas, formado por chapa de acero galvanizado G 05 que envuelve completamente la estructura del peto.

Se dispone de un extractor estático cada dos vanos.

La cimentación es por medio de zapatas rectangulares y cuadradas, aisladas, de hormigón armado en su parte inferior, atadas entre sí por medio de vigas armadas de arriostramiento.

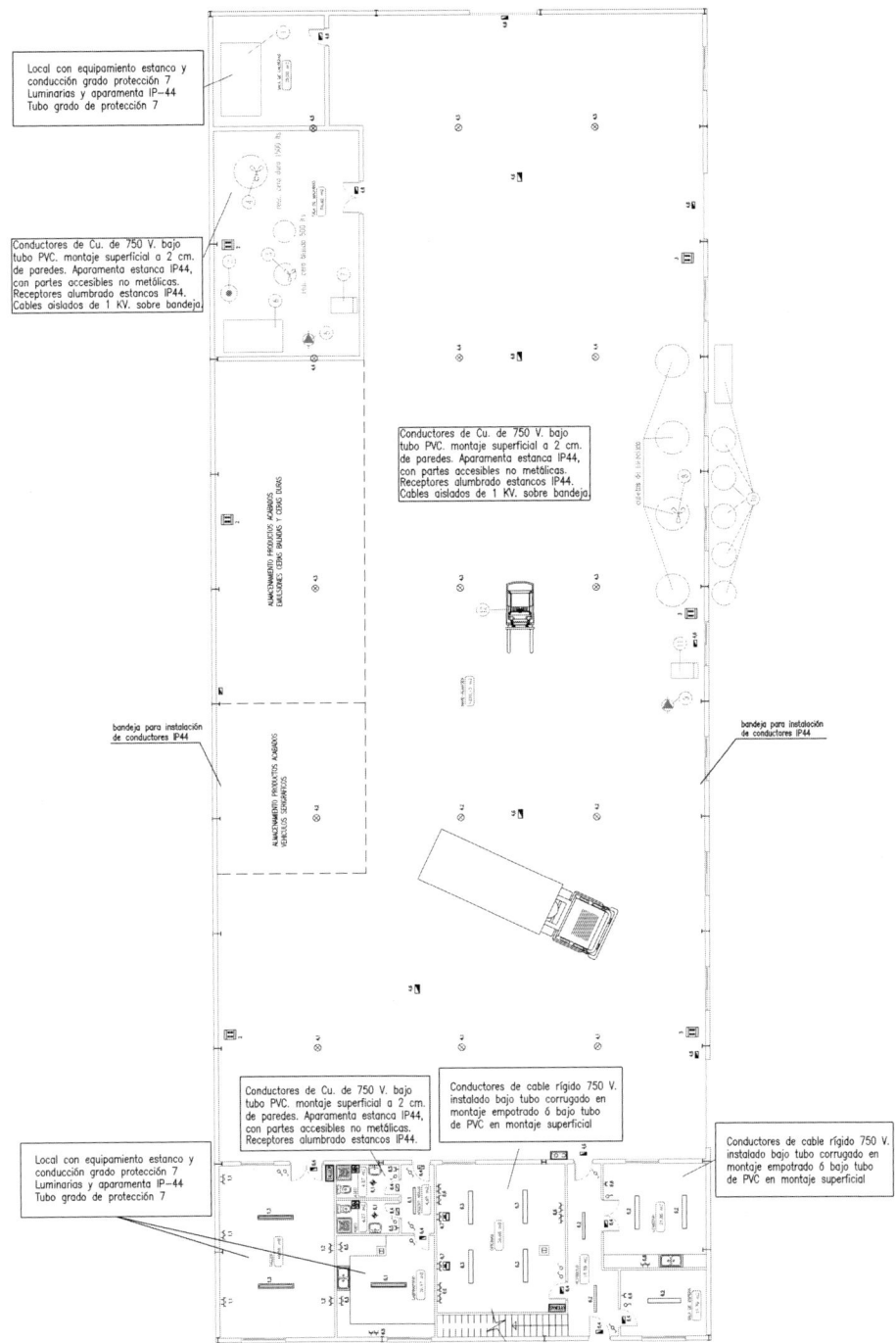

Figura 1. Planta baja.

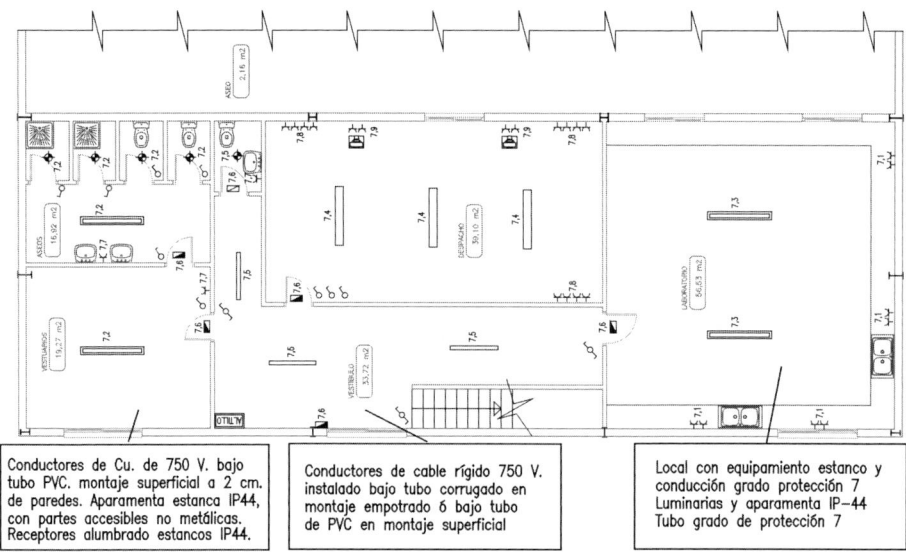

Figura 2. Planta altillo.

Las superficies son las que se indican en la tabla siguiente:

Tabla 1. Superficies.

DESCRIPCIÓN	SUPERFICIE (m²)	Total (m²)
Planta Baja		**1286,95**
Vestíbulo	16,85	
Sala de espera	11,7	
Oficinas	38,86	
Comedor	21,85	
Acceso aseos	4,27	
Aseo caballeros	4,27	
Aseo señoras	4,27	
Laboratorio	20,47	
Taller	40,56	
Nave industrial	1032,13	
Sala de máquinas	66,6	
Sala de calderas	25,12	
Planta altillo		**167,7**
Laboratorio	56,53	
Aseos individual	2,16	
Aseo vestuarios	16,92	
Vestíbulo	33,72	
Vestuarios	19,27	
Despacho	39,1	
SUMA		**1454,65**

La alimentación eléctrica a la industria proviene de la caja general de protección y medida CPM situada en la valla del recinto de la parcela, donde se sitúan los contadores de la compañía eléctrica.

La derivación individual que alimenta el local tiene una longitud de 45 metros.

La industria debe atender los siguientes servicios, que definen las cargas:

*   alumbrado taller: 8 lámparas led de 40 W
*   alumbrado nave: 20 lamparas led de 130 W
*   alumbrado exterior: 3 lámparas led de 130 W
*   alumbrado oficinas planta baja: 9 lámparas led de 40 W y 4 ojos de buey led de 10 W
*   alumbrado oficinas planta primera: 13 lámparas led de 40 W y 4 ojos de buey led de 10 W
*   tomas de corriente taller: 2 circuitos de 3680 W, uno de alimentación a cuadro con tomas trifásicas y monofásicas y el otro general para tomas monofásicas de 16 A
*   tomas de corriente nave: 2 circuitos de 3680 W, con tomas trifásicas y monofásicas para atender a un total de cuatro cuadros de TC
*   tomas de corriente oficinas, plana baja y primera: 5 circuitos de 3680 W, con tomas de corriente monofásicas de 16 A
*   tomas de corriente ordenador en oficinas planta baja y primera, 2 circuitos de 3680 W, con tomas de corriente monofásicas de 16 A
*   fuerza motriz izquierda: 2 agitadores trifásicos de 1500 W y 1 bomba trifásica de 1125 W, todo trifásico
*   fuerza motriz derecha: 1 agitador trifásico de 1500 W y una bomba trifásica de agua para mezcla de 4125 W
*   dos equipos trifásicos de aire acondicionado de 2000 W para oficinas y laboratorio
*   vehículo eléctrico, un circuito para atender vehículos eléctricos de 11,08 kW

4. Clasificación y características de las instalaciones

4.1. Clasificación por zonas de riesgo

Según riesgo de las dependencias de la industria objeto de proyecto cabe distinguir las siguientes zonas diferentes en cuanto a la clasificación de las instalaciones:

*   zona oficinas, taller y laboratorio: sin riesgo
*   zona de proceso industrial

La industria trabaja con productos con base acuosa por lo que, de acuerdo con lo indicado en la ITC-BT-30, Apartado 2, se debe clasificar como local mojado, ya que es posible la presencia de agua en suelo aunque sea de forma temporal.

4.2. Características de las instalaciones

Las características de las instalaciones en las tres zonas es la siguiente:

Zona oficinas, laboratorio y taller (local sin riesgo)

Son de aplicación las instrucciones de carácter general, de acuerdo con los indicado en la ITC-BT-19 de prescripciones generales en instalaciones interiores para conductores y la ITC-BT-20 para sistemas de instalación y la ITC-BT-21 para tubos y canales protectoras.

Conductores eléctricos: H07V de 450/750 V, ITC-BT-20 Apartado 2.2.1 o superiores

Tubos protección: 2221 corrugado estándar según ITC-BT-21, Apartado 1.2.2, Tabla 3

Tipo de instalación: empotrado o en superficie

Canalizaciones: características generales

Aparamenta: (cajas, interruptores, tomas de corriente, etc) y canalizaciones: características generales

Receptores de alumbrado: características generales.

Zona de proceso industrial (local mojado)

Conductores eléctricos: H07V de 450/750V bajo tubo según ITC-BT-30 Apartado 2.1.1 y RV de 0,6/1kV sobre bandeja, según ITC-BT-30 Apartado 2.1, o superiores.

Tubos protección: 2221 corrugado estándar según ITC-BT-21, Apartado 1.2.2, Tabla 3 para montaje empotrado, y tubo con resistencia a la corrosión 4 para montaje en superficie (4321 tubo rígido no metálico, según ITC-BT-21, Apartado 1.2.1, Tabla 1), según ITC-BT-30 Apartado 2.1.1.

Tipo de construcción: empotrados, en superficie bajo tubo y sobre bandeja no metálica.

Canalizaciones: estancas, grado de protección contra proyecciones de agua IPX4, según ITC-BT-30 Apartado 2.1.

Aparamenta: (cajas, interruptores, tomas de corriente, etc.): grado de protección contra proyecciones de agua IPX4, según ITC-BT-30 Apartado 2.2.

Receptores de alumbrado: protegidos contra las proyecciones de agua IPX4. No serán de clase 0 (sin protección como tierra u otros).

Aparatos portátiles: prohibidos, salvo separación de circuitos o MBTS.

5. Previsión de potencia del local

La ITC-BT-10 del REBT, indica de forma precisa cómo obtener la previsión de carga de un edificio destinado principalmente a viviendas, pero para oficinas sólo establece un mínimo de 100 W/m² con un mínimo de 3450 W y para industrias 125 W/m² con un mínimo de 10 350 W.

Esto supone considerar para la industria objeto de este texto y valor a prever para la potencia de:

$$Potencia = 1032,13 \times 125 + (1454,65 - 1032,13) \times 100 = 171,27 \text{ kW}$$

Esta potencia en excesiva para el uso eléctrico de la industria por lo que, en el presente texto, se opta por considerar la potencia resultante del estudio de los equipos que han de ser alimentados.

Es conveniente indicar con respecto a las necesidades de potencia que pueden encontrarse en la legislación autonómica otros valores mínimos, que cuestionan al propio reglamento. Así, en la Comunidad Valenciana, la disposición adicional cuarta, del Decreto 14/2020, indica que para determinar la previsión de cargas de las redes de distribución y de las instalaciones eléctricas en los nuevos desarrollos de suelos de uso industrial, se considerará un valor mínimo de electrificación, o previsión de carga específica de 20 W/m² de parcela neta, salvo que el promotor de la actuación urbanística o el solicitante del suministro considere un valor superior atendiendo a las necesidades previstas.

Según este valor la potencia mínima a prever es de:

$$Potencia = 1032,13 \times 20 = 20,642 \text{ kW.}$$

Es importante diferenciar entre la potencia instalada y la potencia simultánea.

5.1. Potencia instalada

La potencia instalada es la suma de las potencias de cada uno de los equipos instalados, con independencia de si se conectan o no a la red.

En el caso expuesto es la siguiente:

Alumbrado normal (monofásico)

Lámparas led 1×40 W	$30 \times 40 = 1200$ W
Lámparas led 1×130 W	$23 \times 130 = 2990$ W
Ojos de buey led 1×10 W	$8 \times 10 = 80$ W
Total alumbrado normal	4270 W

Alumbrado de emergencia (monofásico)

Emergencia 1×3 W (300 lm)	$23 \times 3 = 69$ W
Alumbrado normal	4270 W
Alumbrado de emergencia	69 W
Total alumbrado	4339 W

Tomas de corriente (monofásico y trifásico)

Se considera 1 circuito de 7360 W, con tomas monofásicas y trifásicas, para la nave industrial y 9 circuitos de tomas de corriente monofásicas de 3680 W para el resto de la industria

Circuito TC 1×7360 W	$1 \times 7360 = 7360$ W
Circuito TC 1×3680 W	$9 \times 3680 = 33\,120$ W
Total Tomas Corriente	40 480 W

Fuerza motriz (trifásico)

Agitador 1×1500 W	$3 \times 1500 = 4500$ W
Bomba agua 1×1125 W	$1 \times 1125 = 1125$ W
Bomba mezcla 1×4125 W	$1 \times 4125 = 4125$ W
Total fuerza motriz	9750 W

Aire acondicionado (trifásico)

Equipo AA 1×2000 W	$2 \times 2000 = 4000$ W

Vehículo eléctrico

VE $1 \times 11\,080$ W	$2 \times 11\,085 = 22\,170$ W

La potencia instalada es la suma de todas las potencias anteriores:

$$P_{inst} = 4339 + 40\,480 + 9750 + 4000 + 22\,170 = 80\,739 \text{ W}$$

Es importante observar que el valor de la potencia de las tomas de corriente es elevado y que no se reseñan las potencias de los equipos conectados, pues son variables y desconocidos, maquinaria diversa, luminarias no fijas, estufas, equipos electrónicos, ordenadores, etc. Es muy probable que no se alcancen estos valores de potencia, sin embargo, la instalación debe ser capaz de alimentar las potencias de cada circuito y así debe proyectarse.

La potencia instalada sin considerar las tomas de corriente resulta:

$$P_{inst\ SIN\ TC} = 80\,739 - 40\,480 = 40\,259 \text{ W}$$

5.2. Potencia prevista. Potencia simultánea o potencia demandada

La potencia simultánea o potencia demandada es la potencia instalada pero afectada por los coeficientes de simultaneidad de uso de los distintos equipos eléctricos.

Alumbrado general

Se prevé que en determinados momentos puede encontrarse toda la instalación de alumbrado en servicio, por lo que se toma un coeficiente de simultaneidad de 1.

$$P_{sim}=P_{ins}=4270 \times 1=4270 \text{ W}$$

Alumbrado de emergencia

El alumbrado de emergencia sólo consume energía cuando se está cargando la batería interior de los equipos autónomos. Se suele considerar un coeficiente de simultaneidad de cero dado que las baterías suelen estar cargadas.

$$P_{sim}=0 \text{ W}$$

Tomas de corriente

Las tomas de corriente son puntos de posible conexión de equipos a la instalación, de forma que suele ser bastante improbable que todas estén ocupadas. El coeficiente de simultaneidad a considerar depende del uso previsto de las tomas de corriente, por ejemplo, un valor típico puede ser 0,5, pero pueden considerarse otros como 0,3, 0,2 en función del uso previsto.

Se ha considerado un coeficiente de simultaneidad de 0,6 para los circuitos de TC de la nave y de 0,3 para el resto.

$$P_{sim}=7360 \times 0,6+(40\,480\text{-}7360)= \times 0,3=14\,352 \text{ W}$$

Fuerza

Se considera un coeficiente de simultaneidad en función del uso simultáneo de los equipos. En este caso se considera un coeficiente la unidad para la maquinaria de la industria.

$$P_{sim}=9750 \times 1=9750 \text{ W}$$

Aire acondicionado

Se considera un coeficiente de simultaneidad de 0,3, si bien el proyectista puede considerar otro valor.

$$P_{sim}=P_{ins} \times 0,3=4000 \times 0,3=1200 \text{ W}$$

Vehículo eléctrico

Para la alimentación del vehículo eléctrico se prevé disponer de un sistema de control de potencia de forma que limite la misma a 11 085 kW, por tanto, el coeficiente a considerar es de 0,5.

$$P_{sim}=22\,170 \times 0,5=11\,085 \text{ W}$$

Con esto la potencia simultánea o potencia demandada es:

$$P_{sim}=4270+0+14\,352+9750+1200+11\,085=40\,657 \text{ W}$$

Esta potencia es importante porque nos indica el orden de magnitud de la potencia a contratar para el suministro eléctrico.

Es importante observar que el valor de la potencia de las tomas de corriente sigue siendo elevado, a pesar de haber introducido los factores de simultaneidad. A la hora de contratar el servicio puede prescindirse de la potencia de las tomas de corriente y, posteriormente con el uso de la instalación, modificarla hasta ajustarla al uso que se hace de la instalación. Otra forma con el mismo resultado puede ser considerar un factor de simultaneidad más bajo, 0,2 por ejemplo.

En el caso estudiado, eliminando la potencia de las tomas de corriente la potencia sería:

$P_{sim\ sinTC} = 40\,657 - 14\,352 = 26\,305$ W

Con lo que se podría empezar solicitando una potencia a la compañía eléctrica entorno a los 25 kW.

Todos estos cálculos se suelen realizar sobre una hoja de cálculo o programa informático, estableciendo para cada circuito el coeficiente de simultaneidad más indicado.

5.3. *Potencia de cálculo*

El Reglamento electrotécnico de Baja Tensión, establece, para determinados equipos, que para el cálculo de las secciones de los circuitos se debe mayorar la potencia prevista.

Así para receptores de alumbrado la ITC-BT 44, Apartado 3.1, indica que para lámparas de descarga (tubos fluorescentes y otros), la carga mínima a considerar será 1,8 veces la potencia de las lámparas. En el caso estudiado la iluminación es led, por tanto, no procede realizar mayoración alguna.

En el mismo sentido la ITC-BT 47, Apartado 3.1, indica que, para motores, la carga a considerar será 1,25 veces la potencia de los mismos (si hay varios motores sólo se incrementa la potencia del motor de mayor potencia).

Estas indicaciones del reglamento hacen referencia (aunque no se indique expresamente) al momento de arranque de los receptores, de forma que el conductor de alimentación debe ser capaz de soportar la mayor intensidad en el momento inicial.

Pero este efecto no debe considerarse en la previsión de potencia de la instalación, pues no todos los equipos arrancan en el mismo momento y no todos los receptores presentan esta característica de demandar mayor intensidad en el momento del arranque.

Es bastante habitual observar proyectos con estas potencias mayoradas, lo que conduce a un sobredimensionamiento de la instalación.

Así pues, los valores de potencias de cálculo serán utilizadas en la determinación de las secciones de los conductores que alimenten a cada uno de los circuitos.

A modo informativo, la suma de potencias de cálculo (sólo mayoradas en el caso de motores con el 25 %) de todos los circuitos del caso estudiado alcanza la cifra siguiente

$P_{cal} = 84\,177$ kW

5.4. Potencia a contratar

Una vez se dispone de los valores globales de potencia

P_{inst}=80 739 kW(40 259 kW sin TC)

P_{sim}=40 657 kW (26 305 sin TC)

P_{cal}=84 177 kW

se debe determinar la potencia a contratar con la compañía eléctrica, que tendrá repercusión sobre la factura eléctrica.

Es importante considerar en este momento que el titular de la instalación pagará por cada kW contratado, con independencia de la energía en kWh que consuma. Si la potencia real se desvía de la contratada, pagará una penalización, mucho mayor si demanda más potencia que la contratada.

Como no se puede conocer a priori el uso de la instalación y por tanto la potencia simultánea, lo más conveniente es empezar contratando una potencia algo inferior a la potencia simultánea y, luego observando las facturas eléctricas, modificarla si conviene. En este ejemplo se podría proponer una potencia simultánea de 25 kW, algo inferior a la potencia simultánea sin considerar las tomas de corriente en las que se desconoce exactamente el uso que van a tener.

P_{cont}=25 kW

Salvo para usos domésticos la medida de la potencia que se demanda a la red eléctrica se realiza mediante la instalación de maxímetros, de acuerdo con lo indicado en el Artículo 9 de la Circular 3/2020, de 15 de enero de la CNMC, por la que se establece la metodología para el cálculo de los peajes de transporte y distribución de electricidad.

5.5. Potencia monofásica o trifásica

La ITC-BT 10, Apartado 10, indica que las empresas distribuidoras están obligadas, siempre que lo solicite el cliente, a efectuar el suministro monofásico hasta una potencia máxima de 14 490 W.

En el ejemplo estudiado la potencia a contratar supera con creces este valor. Además, se dispone de varios receptores trifásicos, por tanto, el suministro ha de ser necesariamente trifásico.

Suministro trifásico

Es importante indicar en este momento que un suministro trifásico supone que se requieren menores secciones en los conductores para transportar la misma potencia.

6. Caja de protección y medida CPM

La ITC-BT-12 Apartados 2.1 y 2.2.1, y la ITE-BT-13 Apartado 2, indican que para el caso de suministro para un único usuario o dos alimentados desde el mismo lugar la caja general de protección puede simplificarse haciendo coincidir en el mismo lugar la CGP y el equipo de medida, y no existir, por tanto, la línea general de protección LGA. Esta caja recibe el nombre de Caja de Protección y Medida.

La norma de Iberdrola, NI 42.72.00, indica en el Apartado 5 las características de las cajas normalizadas.

Tabla 2. Cajas normalizadas Iberdrola. Fuente: NI 42.72.00.

Tipo de Suministro		N° de contadores	Tipo de instalación	Designación	Figura	Código
Monofásico hasta 63 A		1CE	Empotrable	CPM1-D2-M	6	4272001
		1CE	Intemperie	CPM1-02-I	6	4272002
		2CE	Empotrable	CPM3-D2/2-M	7	4272021
		2CE	Intemperie	CPM3-D2/2-I	7	4272023
Trifásico	Hasta 15 kWCE	1CE ó 1CG	Empotrable	CPM2-D/E4-M	8	4272014
	Hasta 43,5 kW	1CE ó 1CG	Intemperie	CPM2-D/E4-I	8	4272016
		1CE ó 1CG	Empotrable	CPM2-D/E4-MBP	9	4272017
	CG medida directa	1CE ó 1CG	Intemperie	CPM2-D/E4-IBP	9	4272018
Trifásico > 63 A hasta 300 A CG medida indirecta (TI)		1CG	Empotrable	CMT-300E-M	10	4272100
			Empotrable	CMT-300E-MF	11	4272102
			Intemperie	CMT-300E-I	10	4272101
			Intemperie	CMT-300E-IF	11	4272103
Trifásico hasta 750 A CG medida indirecta (TI)		1CG	Intemperie	CMT-750E-I	12	4272120

Para un suministro trifásico previsto para una intensidad comprendida entre 63 y 300 A, se requiere medida indirecta con un transformador TI con una intensidad máxima de 300 A en el circuito primario.

En el apartado siguiente se calcula la intensidad prevista para atender la instalación, 73,06 A, por lo que habrá de disponerse de un transformador de intensidad TI de 300 A.

Al requerirse medida indirecta de energía, la caja incorporará un transformador de intensidad TI, y la caja se denomina Caja de Medida indirecta con Transformadores de intensidad, CMT según la citada norma de Iberdrola.

Por tanto, se empleará una CMT de 300 A con fusibles de 100 A y transformadores de intensidad TI de 300 A.

Figura 3. Caja de protección y medida con medida indirecta. Fuente: Iberdrola.

7. Derivación individual (DI)

La derivación individual, parte desde la caja de protección y medidas CPM donde se dispondrá de un fusible para la protección contra cortocircuitos de, (habitualmente tipo gG), según lo indicado en el Apartado 1 de la ITC-BT-15 y el Apartado 1 de la ITC-BT-16.

La ITC-BT-16 indica, además, que los fusibles se instalarán antes del contador y se colocarán en cada uno de los hilos de fase o polares, tendrán la adecuada capacidad de corte en función de la máxima intensidad de cortocircuito que pueda presentarse en ese punto y estarán precintados por la compañía eléctrica.

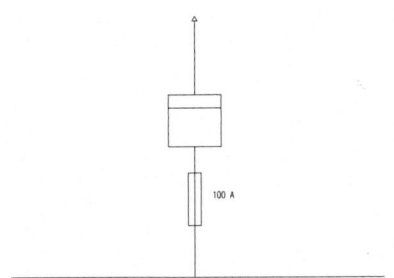

Figura 4. Caja de protección y medida CPM.

Como potencia a transportar se considera la potencia simultánea 40 492 kW por ser un valor razonable para el uso de la instalación, si bien el proyectista puede establecer otro valor. La distancia entre la CPM y el cuadro general de protección es de 45 metros, según se puede leer en planos.

Para el cálculo de la sección de la DI, se tienen que seguir los criterios de diseño y de protección.
Criterio de diseño: son dos condiciones:

$I < I_{adm}$

$\Delta v(\%) < 1,5\%$ (ITC-BT-15, Apartado 3)

La intensidad es:

$$I = \frac{P}{\sqrt{3}\times U\times \cos\varphi} = \frac{40492}{\sqrt{3}\times 400\times 0,8} = 73,06 \text{ A}$$

Se toma $\cos\varphi=0,8$ por tratarse de una derivación trifásica, según las especificaciones particulares para instalaciones de enlace de Iberdrola Iberdrola MT 2.80.12.

Según la ITC-BT-15, los conductores a utilizar en las DI trifásica, tres de fase, uno de neutro y uno de protección, serán de cobre o aluminio, unipolares y aislados, siendo su tensión asignada 450/750 V (H07). Además, serán no propagadores del incendio (AS) y con emisión de humos y opacidad reducida (Z1).

Se elige un cable unipolar de cobre aislado con polietileno reticulado XLPE (RZ1), de 35 mm² de sección, a instalar en tubo enterrado (B1, Anexo II), que presenta una intensidad admisible de 124 A (según la Tabla C52,1 bis de la norma HD60364), superior a la intensidad nominal de 73,06 A calculada. La ITC-BT-15 indica que la sección mínima de las DI será de 6 mm².

$I = 73,06 \text{ A} < 124 \text{ A} = I_{adm}$

Tabla 3. Intensidad admisible DI.

Tabla C52,1 bis, HD 60364-5-52:2011																		
Intensidades admisibles en amperios. Temperatura ambiente 40ºC en el aire. Conductores de cobre																		
Método de instalación	Número de conductores cargados y tipo de aislamiento																	
A1		PVC3	PVC2			XLPE3		XLPE2										
A2	PVC3	PVC2		XLPE3		XLPE2												
B1			PVC3			PVC2					XLPE3				XLPE2			
B2		PVC3	PVC2				XLPE3	XLPE2										
C						PVC3				PVC2		XLPE3		XLPE2				
E							PVC3				PVC2			XLPE3		XLPE2		
F								PVC3						PVC2	XLPE3			XLPE2
1	2	3	4	5a	5b	6a	6b	7a	7b	8a	8b	9a	9b	10a	10b	11	12	13
Sección mm² COBRE																		
1,5	11	11,5	12,5	13,5	14	14,5	15,5	16	16,5	17	17,5	19	20	20	20	21	23	–
2,5	15	15,5	17	18	19	20	20	21	22	23	24	26	27	26,5	28	30	32	–
4	20	20	22	24	25	26	28	29	30	31	32	34	36	36	38	40	44	–
6	25	26	29	31	32	34	36	37	39	40	41	44	46	46	49	52	52	–
10	33	36	40	43	45	46	49	52	54	54	57	60	63	65	68	72	78	–
16	45	48	53	59	61	63	66	69	72	73	77	81	85	87	91	97	104	–
25	59	63	69	77	80	82	86	87	91	95	100	103	108	110	115	122	135	146
35	–	–	–	95	100	101	106	109	114	119	124	127	133	137	143	153	168	182
50	–	–	–	116	121	122	128	133	139	145	151	155	162	167	174	188	204	220
70	–	–	–	148	155	155	162	170	178	185	193	199	208	214	223	243	262	282
95	–	–	–	180	188	187	196	207	216	224	234	241	252	259	271	298	320	343
120	–	–	–	207	217	216	226	240	251	260	272	280	293	301	314	350	373	397
150	–	–	–	–	–	247	259	276	289	299	313	322	337	343	359	401	430	458
185	–	–	–	–	–	281	294	314	329	341	356	368	385	391	409	460	493	523
240	–	–	–	–	–	330	345	368	385	401	419	435	455	468	489	545	583	617

Se indican como 3 los circuitos trifásicos y como 2 los monofásicos.
A efecto de las instensidades admisibles los cables con aislamiento termoplástico a base de poliolefina (Z1) son equivalentes a los cables con aislamiento de policloruro de vinilo (V)

La ITC-BT-15, establece en el Apartado 3 que la caída de tensión admisible será para el caso de disponer de un solo contador es del 1,5 %.

Con cable de 35 mm², la caída de tensión para una longitud de la DI de 45 m, desde el contador situado en el CPM hasta el cuadro general de protección, es: (ver Anexo I. Fórmulas habituales de electrotécnica)

$$\Delta v(\%) = \frac{P \times L}{S \times C \times U^2} \times 100 = \frac{40\,492 \times 45}{35 \times 56 \times 400^2} \times 100 = 0,58 < 1,5\%$$

Criterio de protección: contra cortocircuitos y sobrecargas

Funcionamiento

La intensidad de funcionamiento esperada I=73,06 A, no puede ser superior a la intensidad nominal del aparato de protección de la DI, el fusible.

$I < I_F$

Para la protección contra cortocircuitos se elige el fusible de 100 A, que estará situado en la caja de protección y medida CPM. Este fusible cumple la condición indicada en el párrafo anterior, de forma que no se fundirá y cortará el circuito en condiciones de funcionamiento normal.

$I = 73,06 < 100 = I_F$

Cortocircuitos

El fusible debe cumplir dos condiciones:

$I_f < I_{cc}$

$I_f < I_s$

El fusible de 100 A, según las especificaciones particulares de Iberdrola, presenta una I_f de de 580 A (ver Anexo IV. Tablas útiles de especificaciones particulares Iberdrola).

Tabla 4. Fusibles intensidades de fusión en 5 segundos.

FUSIBLES. intensidad de fusión de los	
In	If
40	190
50	250
63	320
80	425
100	580
125	715
160	950
200	1250
250	1650
315	2200
400	2840

15

La I_s del cable (XLPE, K=143) se calcula mediante la expresión siguiente:

$$I_s = k \times \frac{S}{\sqrt{t}} = 143 \times \frac{35}{\sqrt{5}} = 2238 \text{ A}$$

La intensidad de cortocircuito se obtiene considerando la resistencia desde la CPM según Anexo III de la Guía-BT-23, Apartado 1.1.

Por tanto, la I_{cc} es, considerando la resistencia de la DI:

$$I_{cc} = \frac{0,8 \times U_{FN}}{L \times R} = \frac{0,8 \times 230}{45 \times \dfrac{2}{56 \times 35}} = 4007 \text{ A}$$

Los valores obtenidos, no superan los valores de corriente de cortocircuito establecidos en las especificaciones particulares de Iberdrola, que establecen un valor a considerar en la centralización de contadores (en este caso el cuadro general) de 12 kA. Esto significa que el transformador de la red de distribución puede aportar una corriente de cortocircuito hasta 12 kA en el punto de la caja de protección y medida CPM.

Por tanto, el valor a considerar como corriente de cortocircuito al final de la derivación individual del local comercial es correcto.

Por lo que se cumplen las dos condiciones citadas:

I_f=580 A < 4007 A = I_{cc}

I_f=580 A < 2238 A = I_s

Sobrecargas

La protección contra sobrecarga es realizada por el Interruptor General Automático del cuadro general de la industria, según el Apartado 7.2 de la Norma Técnica de Instalaciones de Enlace, que está situado al final de la DI. Esta norma es sólo de aplicación en la Comunidad Valenciana, pero la instrucción ITC-BT-22, Apartado 1.1, establece que la protección contra sobrecargas puede colocarse en cualquier punto del circuito, en este caso al final en el cuadro general de la industria.

Poder de corte

En las especificaciones particulares de Iberdrola, se indica un valor a considerar en la caja de protección y medida de 20 kA. Esto significa que el transformador de la red de distribución no puede aportar una corriente de cortocircuito superior a 20 kA en el punto de la CPM. Por tanto, el valor a considerar como corriente de cortocircuito en la CPM será de 20 kA.

El poder de corte de los fusibles en cada punto de estudio ha de ser superior a esta intensidad.

$P_c > I_{cc}$

El poder de corte de los fusibles, (habitualmente de tipo gG adecuados para protección de líneas), utilizados en la CPM, cuya misión es proteger a las DI, es de 100 kA, por lo que la condición queda cumplida.

$$P_c=100 \text{ kA}>20 \text{ kA}=I_{cc}$$

Tensión de utilización

La tensión nominal o asignada de los fusibles es de 500 V, valor superior al rango de tensiones de la instalación 230/400 V.

Conductor neutro

De acuerdo con lo indicado en la Guía-BT-15, Apartado 3, el conductor neutro deberá, en general, ser de la misma sección que los conductores de fase.

Conductor de protección

La Guía-BT-15, no indica nada respecto al conductor de protección, pero en la ITC-BT-18, Apartado 3.4, se indica que la sección debe ser de 16 mm^2, al tratarse de secciones de fase de 35 mm^2.

Tabla 5. Secciones del conductor de protección.

Sección conductores de fase S (mm^2)	Sección conductor protección S_p (mm^2)
$S \leq 16$	$S_p=S$
$16 < S \leq 35$	$S_p=16$
$S > 35$	$S_p=S/2$

Tubo de protección

De acuerdo con lo indicado en la ITC-BT-21, Apartado 1.2.2, para conductores bajo tubo en canalización enterrada, Tabla 8, los tubos serán de tipo rígido código 4320 y no propagadores de la llama.

El tubo de protección se obtiene de la Tabla 9 de la Guía-BT-21. Se dispone de 5 conductores, 3 de fase, neutro y protección, por tanto, el diámetro será 90 mm. Según la ITC-BT-15, Apartado 2, el tubo de las derivaciones individuales tendrá un diámetro mínimo de 32 mm.

Tabla 6. Diámetros tubos protección.

Sección nominal conductores unipolares (mm²)	Diámetros exterior de los tubos (mm)				
	Número de conductores				
	≤6	7	8	9	10
1,5	25	32	32	32	32
2,5	32	32	40	40	40
4	40	40	40	40	50
6	50	50	50	63	63
10	63	63	63	75	75
16	63	75	75	75	90
25	90	90	90	110	110
35	90	110	110	110	125
50	110	110	125	125	140
70	125	125	140	160	160
95	140	140	160	160	180
120	160	160	180	180	200
150	180	180	200	200	225
185	180	200	225	225	250
240	225	225	250	250	-

Tabla 9, ITC-BT-21, canalizaciones empotradas — Diámetros exteriores mínimos de los tubos

Conclusión

Una solución es:

DI = RZ1-K (AS), 3 × 35+35+16 mm²

Fusible de 100 A, tipo gG, 500 V, 100 kA, en CPM

Instalación enterrada bajo tubo, método instalación B1, ϕ 90

7.1. Alimentación desde transformador propio

En este caso, según se muestra en la figura, la derivación individual partiría del cuadro de baja tensión situado en el cuarto del transformador. La protección se calcularía de la misma forma que se ha calculado la derivación individual en el caso estudiado.

Se añade que es habitual y conveniente situar un interruptor sin poder de corte antes del cuadro de fusibles, de forma que, sin riesgo y de manera sencilla, se pueda cortar la alimentación.

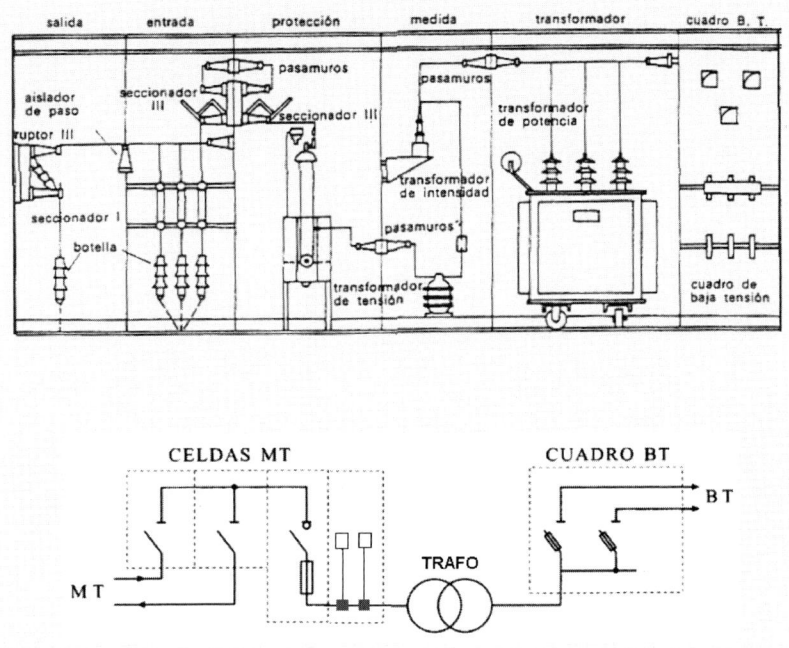

8. Potencia total máxima admisible

La potencia total admisible en función de las secciones adoptadas, conductor de cobre de $3 \times 35+16$ mm², aislamiento de XLPE de 0,6/1 kV, RZ1-K (AS), con una intensidad máxima admisible de 124 A (Tabla C52,1 bis de la norma HD60364) es de 80,90 kW.

$$P=\sqrt{3}\times U_L \times I \times \cos\varphi = \sqrt{3}\times 400 \times 124 \times 1 = 85,90 \text{ kW}$$

9. Instalación de puesta a tierra

El terreno está formado por tierra cultivable arcillosa, estimándose una resistividad de 100 Ωm, de acuerdo en la Tabla 3 de la ITC-BT-18, Apartado 8 (turba húmeda).

Se proyecta una toma de tierra formada por cuatro picas de acero cobreado de 2 metros de longitud, conectadas en línea con una separación D de 2 metros.

9.1. Interruptores diferenciales. Sensibilidad

La protección de la instalación contra los contactos indirectos, depende de puesta a tierra de la instalación. La ITC-BT-08 indica en el Apartado 1.4 que el esquema de distribución para instalaciones receptoras alimentadas directamente desde una red de distribución pública de baja tensión es el esquema TT (Tierra-Tierra) y la protección se suele realizar mayoritariamente mediante el empleo de interruptores diferenciales (si bien hay otras). Debido al objeto práctico de este texto sólo se trata el uso de interruptores diferenciales.

La resistencia de tierra del electrodo formado por cuatro picas en línea, se obtiene de la siguiente expresión:

$$R_T = K \times \frac{R_p}{n}$$

Donde:

R_T = resistencia de tierra

Rp = resistencia de una pica. $R = \rho/L$

n = número de picas

K = 1,2 coeficiente de mayoración para D/L=2, con D la distancia entre picas y L la longitud de una pica.

Sustituyendo valores se obtiene:

$$R_T = 1,2 \times \frac{\frac{100}{2}}{4} = 15 \ \Omega$$

Tomando diferenciales con sensibilidad de 30 mA, la máxima tensión de contacto (tensión entre mano y pie aplicada a una persona que toca una parte de la instalación accidentalmente bajo tensión) que puede aparecer en la instalación es de:

$$V_C = R \times I = 15 \times 0,03 = 0,45 \ V$$

Valor muy inferior al que exige la ITC-BT-18, Apartado 9, de 50 V para locales secos y 24 V para locales mojados.

Para viviendas, la ITC-BT-25, exige un diferencial de 30 mA. Por analogía se adoptará esta sensibilidad del diferencial para los circuitos de oficina, alumbrado, tomas de corriente, etc, Para los circuitos de otros usos (fuerza) de la zona de laboratorio y nave se dispondrá interruptores diferenciales con sensibilidad de 300 mA, que darían una tensión de contacto también admisible y provocaría menos desconexiones.

$$V_C = R \times I = 15 \times 0,3 = 4,5 \ V$$

Valor también inferior al límite reglamentario incluso para locales mojados.

9.2. Protector de sobretensiones

El local está ubicado en el municipio de Novetlè, provincia de Valencia. Según la Guía-ITC-23, en Valencia el número de tormentas al año es superior o igual a 20, por lo que según la Tabla B de la citada Guía, es recomendable la instalación de un equipo de protección contra sobretensiones. Este equipo se situará aguas abajo del interruptor general automático (IGA) y según el Apartado 4 de la citada Guía será de tipo 2, por ubicarse en el Cuadro General de Protección y Mando (CGPM).

10. Equipos de conexión de energía reactiva

La potencia generadora de reactiva, principalmente fuerza motriz y equipos de aire acondicionado, presenta un valor de 13,750 kW.

Fuerza motriz izquierda	4125 W
Fuerza motriz derecha	5625 W
Aire acondicionado planta baja	2000 W
Aire acondicionado plana primera	2000 W
Total fuerza motriz	13 750 W

Se estima un factor de potencia de 0,95 (valor habitual en motores) y se determina la potencia de la batería de condensadores para alcanzar un factor de potencia unidad.

$$Q = P \times tg\emptyset = 13\,750 \times tg(arcos(0,95)) = 4,52 \text{ kVAr}$$

Se elige una batería automática de condensadores de 6,2 kVAr, de 2 escalones con una relación de potencia entre condensadores de 1:2.

11. Cuadro General de Protección y Mando (CGPM)

La instalación eléctrica interior empieza en el Cuadro General de Protección y Mando, CGPM, donde se encuentran todas las protecciones de los distintos circuitos y que es alimentado por la derivación individual.

La ITC-BT-17, indica en el Apartado 1.2, que los dispositivos generales e individuales de mando y protección incluirán como mínimo un interruptor general automático (IGA) de corte omnipolar y un interruptor diferencial general. Se añade que, si se instala un interruptor diferencial por cada circuito o grupo de circuitos, se puede prescindir del interruptor diferencial general siempre que queden protegidos todos los circuitos.

La intensidad del interruptor diferencial, para protección contra contactos indirectos, será igual o superior a la del térmico elegido, por analogía con lo indicado en la ITC-BT-25, Apartado 2.

La Guía-BT-22, indica en el Apartado 1 que, para la protección contra sobrecargas en instalaciones domésticas, únicamente se instalarán interruptores automáticos (IA) (magnetotérmicos) ya que protegen simultáneamente tanto contra cortocircuitos como sobrecargas. La norma añade que se recomienda el uso de IA en instalaciones análogas como locales, comerciales, oficinas, etc., en nuestro caso los servicios generales del edificio y el aparcamiento. Si bien no se cita la obligación de uso de IA para industrias, la práctica habitual es el uso de estos dispositivos de protección en todo tipo de instalaciones.

Según la ITC-BT-19, Apartado 2.4, cita como ejemplo, la subdivisión de las instalaciones en sectores o zonas del edificio, plantas o local, por tanto, en nuestro caso se considera la subdivisión por zonas, taller, nave, oficinas planta baja y planta primera.

Según la Guía-BT-19, Apartado 2.4, deben preverse circuitos distintos para las partes de la instalación que es necesario controlar separadamente, por ejemplo, alumbrado, tomas de corriente, alimentación de máquinas, etc., de tal forma que estos circuitos no se vean afectados por el fallo de otros circuitos.

La ITC-BT-19 establece en el Apartado 2.4 que los dispositivos de protección de cada circuito estarán adecuadamente coordinados y serán selectivos con los dispositivos generales que les precedan. Esta obligación se traduce en que la intensidad nominal de los equipos de protección de los circuitos derivados ha de ser inferior a la intensidad nominal del equipo de protección que le precede.

Además, según la Guía-ITC-22, punto 1.b, cuando se trate de circuitos derivados de uno principal (circuitos secundarios) se recomienda proteger cada circuito derivado contra sobrecargas y cortocircuitos.

Asimismo, se dispondrá de alumbrado de emergencia (alumbrado de seguridad) de acuerdo con lo indicado en la ITC-BT-28, Apartado 3.3.1, en las siguientes ubicaciones: aseos, lugares con equipos de protección, salidas de emergencia, lugares con señales de seguridad, en el exterior de, las puertas de salida, en los tramos de escalera y en el cuadro general de mando y protección.

En los comentarios a este ITC-28, de la Guía, Apartado 4.d, se indica que *cuando el alumbrado de emergencia esté conectado a un mismo circuito que el alumbrado normal, deberá existir un interruptor manual que permita la desconexión del alumbrado normal sin desconectar el alumbrado de emergencia.* Esto se traduce en que el alumbrado de emergencia debe disponer de su propio circuito controlado por su correspondiente PIA. (ver esquema eléctrico).

El local está ubicado en el municipio de Novetlè, provincia de Valencia. Según la Guía-ITC-23, en Valencia el número de tormentas al año es superior o igual a 20, por lo que según la Tabla B de la citada Guía, es recomendable la instalación de un equipo de protección contra sobretensiones. Este equipo se situará aguas abajo del interruptor general automático (IGA) y según el Apartado 4 de la citada Guía será de tipo 2, por ubicarse en el Cuadro General de Protección y Mando (CGPM).

Con todas las condiciones y consideraciones expuestas, una posible solución del esquema eléctrico es la que se muestra en la figura siguiente:

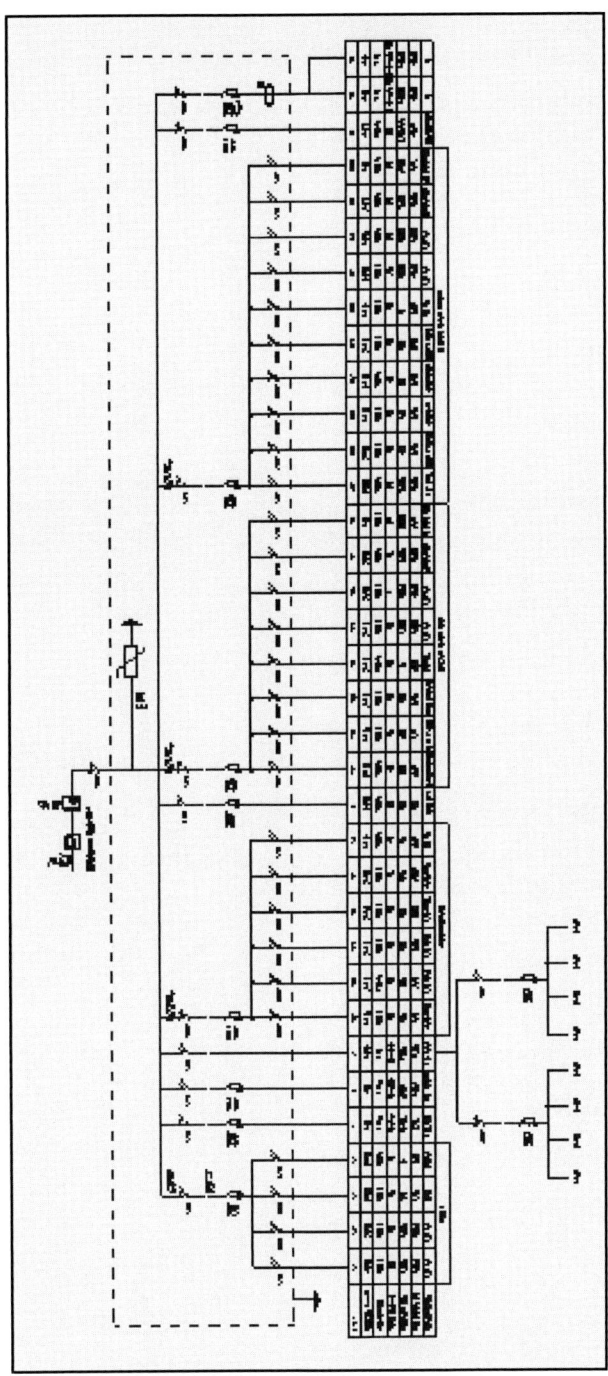

Figura 5. Esquema general de la instalación.

12. Interruptor general automático IGA

Se elige un IGA de 4×100 A que permite el paso de la corriente esperada de 73,06 A y protege al conductor de 35 mm^2 con $I_{adm}=124$ A.

$$I < I_p < I_{adm}$$

$$73,06 < 100 < 124 \text{ A}$$

Si bien este interruptor automático tiene capacidad de protección contra sobrecarga y contra cortocircuito, su función principal es de interruptor general de corte, puesto que los circuitos derivados ya están protegidos individualmente.

13. Circuitos interiores

Hasta ahora se ha estado diseñando la derivación individual (DI) que alimenta el Cuadro General de Mando y Protección (CGMP). A partir de este cuadro empieza la instalación interior, que se diseña y protege según los criterios establecidos en la Guía-BT-19, 20 y 22.

Para la determinación de la sección de cada circuito se tiene que seguir los criterios de diseño y protección, extraídos de la ITC-BT-14 y de la Guía-BT-22.

Criterio de diseño: son dos condiciones:

$I < I_{adm}$ (sobrecarga)

$\Delta v(\%) < 3\,\%$ para alumbrado y $5\,\%$ para otros usos (caída de tensión)

Criterio de protección: contra cortocircuitos y sobrecargas

Funcionamiento

$I < I_p$

Cortocircuitos

$I_m < I_{ce}$(cortocircuito)

I_m es la intensidad de corte por cortocircuito del interruptor automático, que para PIAs de uso doméstico o análogos, que presentan curvas tipo C, toma el valor de 10 veces la intensidad nominal del interruptor.

$10\,I_p < I_{cc}$, mínimo, al final del circuito

Sobrecargas

$I < I_p$ (sobrecarga)

Poder de corte

$P_c > I_{cc}$, en el punto de instalación del PIA

Estas condiciones, se pueden resumir en las siguientes cuatro condiciones:

1.- protección contra sobrecarga del conductor (Guía-BT-22)

$$I < I_p < I_{adm}$$

2.- caída de tensión (ITC-BT-19)

$$\Delta v(\%) \leq 3\% \text{ para alumbrado}$$

$$\Delta v(\%) \leq 5\% \text{ para otros usos}$$

3.- protección contra cortocircuitos (condición de disparo del PIA), (Guía-BT-22)

$$10\ I_p < I_{cc}, \text{ mínimo, al final del circuito}$$

4.- protección contra cortocircuito (poder de corte P_c) (Guía-BT-22)

$$P_c > I_{cc}\,;\ I_{cc} = \frac{0,8 \times U_{FN}}{L \times R}$$

A continuación, se comprueban estas cuatro condiciones para los circuitos interiores

13.1. Circuitos de zona taller

La zona de taller no pertenece a zona de riesgo según la ITC-BT-30, por lo que no requiere condiciones especiales siendo de aplicación la ITC-BT-19, 20 y 21 para instalaciones interiores. Para esta zona se proyecta la instalación empotrada bajo tubo.

La alimentación eléctrica al taller se realiza mediante una agrupación de cuatro circuitos, instalada dentro del cuadro general de protección y mando CGPM, uno de tomas de corriente trifásica (1 TC de 4 × 16 A y 1 TC monofásica de 2 × 16 A), una de tomas de corriente monofásicas (3 tomas dobles de 2 × 16 A repartidas por el taller), uno de alumbrado (8 luminarias led de 40 W) y emergencias (2 unidades de 3 W, 330 lm), que aportan una potencia instalada de 7686 W y una potencia instantánea de 2528 W. Cada uno de estos circuitos está protegido contra sobrecargas y cortocircuitos por un PIA y la agrupación está protegida por un PIA general y un interruptor diferencial general, según el esquema siguiente:

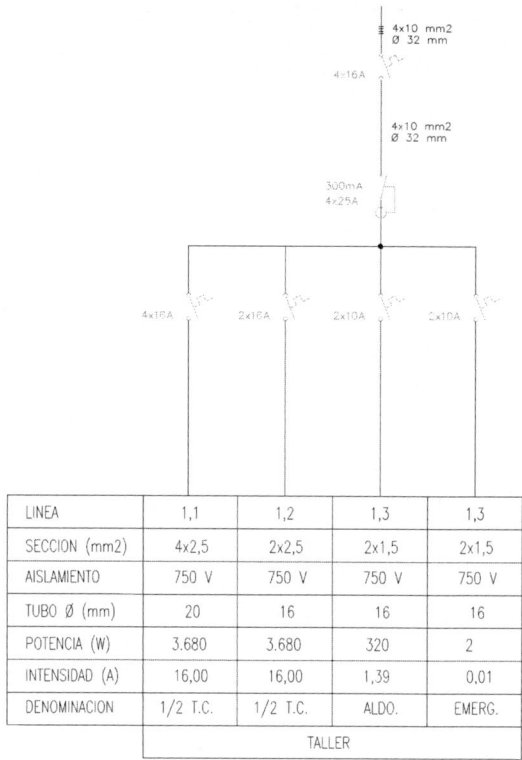

LINEA	1,1	1,2	1,3	1,3
SECCION (mm2)	4x2,5	2x2,5	2x1,5	2x1,5
AISLAMIENTO	750 V	750 V	750 V	750 V
TUBO Ø (mm)	20	16	16	16
POTENCIA (W)	3.680	3.680	320	2
INTENSIDAD (A)	16,00	16,00	1,39	0,01
DENOMINACION	1/2 T.C.	1/2 T.C.	ALDO.	EMERG.
TALLER				

Figura 6. Esquema agrupación zona taller.

El orden de colocación del PIA y el diferencial es indiferente, salgo en el caso del PIA actuando como IGA en cuyo caso es siempre el primer elemento a colocar. Para evitar errores es conveniente situar en primer lugar el interruptor magnetotérmico PIA.

La intensidad es, con factor de potencia 1 (trifásico).

$$I = \frac{P}{\sqrt{3} \times U \times \cos\varphi} = \frac{7682}{\sqrt{3} \times 400 \times 1} = 11,09 \text{ A}$$

Según la ITC-BT-20, Apartado 2.2.1, conductores aislados bajo tubos protectores, los circuitos interiores, serán aislados, siendo su tensión nominal no inferior a 450/750 kV.

Para la alimentación general de los circuitos, se elige un cable de cobre aislado con poliolefina Z1, H07Z1-K (AS), de 10 mm² de sección, a instalar bajo tubo a empotrar en pared (este circuito está en el cuadro), que presenta una intensidad admisible de 43 A (según la Tabla C52,1 bis de la norma HD60364), superior a la intensidad nominal de 11,09 A calculada.

Tabla 7. Intensidades admisibles.

Tabla C52,1 bis, HD 60364-5-52:2011																			
Intensidades admisibles en amperios. Temperatura ambienta 40ºC en el aire. Conductores de cobre																			
Método de instalación	Número de conductores cargados y tipo de aislamiento																		
A1		PVC3	PVC2				XLPE3		XLPE2										
A2	PVC3	PVC2			XLPE3		XLPE2												
B1				PVC3			PVC2				XLPE3				XLPE2				
B2			PVC3	PVC2					XLPE3		XLPE2								
C							PVC3				PVC2		XLPE3				XLPE2		
E									PVC3				PVC2		XLPE3			XLPE2	
F											PVC3				PVC2		XLPE3		XLPE2
1	2	3	4	5a	5b	6a	6b	7a	7b	8a	8b	9a	9b	10a	10b	11	12	13	
Sección mm² COBRE																			
1,5	11	11,5	12,5	13,5	14	14,5	15,5	16	16,5	17	17,5	19	20	20	20	21	23	–	
2,5	15	15,5	17	18	19	20	20	21	22	23	24	26	27	26,5	28	30	32	–	
4	20	20	22	24	25	26	28	29	30	31	32	34	36	36	38	40	44	–	
6	25	26	29	31	32	34	36	37	39	40	41	44	46	46	49	52	52	–	
10	33	36	40	43	45	46	49	52	54	54	57	60	63	65	68	72	78	–	
16	45	48	53	59	61	63	66	69	72	73	77	81	85	87	91	97	104	–	
25	59	63	69	77	80	82	86	87	91	95	100	103	108	110	115	122	135	146	
35	–	–	–	95	100	101	106	109	114	119	124	127	133	137	143	153	168	182	
50	–	–	–	116	121	122	128	133	139	145	151	155	162	167	174	188	204	220	
70	–	–	–	148	155	155	162	170	178	185	193	199	208	214	223	243	262	282	
95	–	–	–	180	188	187	196	207	216	224	234	241	252	259	271	298	320	343	
120	–	–	–	207	217	216	226	240	251	260	272	280	293	301	314	350	373	397	
150	–	–	–	–	–	247	259	276	289	299	313	322	337	343	359	401	430	458	
185	–	–	–	–	–	281	294	314	329	341	356	368	385	391	409	460	493	523	
240	–	–	–	–	–	330	345	368	385	401	419	435	455	468	489	545	583	617	

Se indican como 3 los circuitos trifásicos y como 2 los monofásicos.
A efecto de las intensidades admisibles los cables con aislamiento termoplástico a base de poliolefina (Z1) son equivalentes a los cables con aislamiento de policloruro de vinilo (V)

1. protección contra sobrecarga y cortocircuito del conductor (se elige un PIA general en el cuadro de 16 A).

$$I_N = 11,09 < I_p = 16 < I_{adm} = 43 \text{ A}$$

2. caída de tensión.

La caída de tensión es despreciable entre el PIA general y el PIA de la agrupación, puesto que todos estos mecanismos están en el mismo cuadro general de protección y mando CGPM.

3. protección contra cortocircuitos (condición de disparo del PIA).

La intensidad de cortocircuito se obtiene de la expresión siguiente indicada en el Anexo III de la Guía-BT-23, Apartado 1.1. La I_{cc} se calcula para el punto más alejado del circuito, donde menor será la corriente de cortocircuito que debe hacer que dispare el PIA, que en este caso es el final del circuito.

Además, se considera como origen o punto de alimentación del cortocircuito la CPM, según el Anexo III de la Guía de Aplicación del Reglamento.

Se obtiene considerando la resistencia desde la CPM de la industria, hasta el final del circuito que parte del IGA hasta el PIA de la agrupación taller, a, por tanto, es muy corto y despreciable, según Anexo III de la GUÍA-BT. La derivación individual es de 35 mm² de sección y 45 metros de longitud. Se desprecia la longitud del tramo que une el interruptor general automático IGA con el PIA de la agrupación.

$$I_{cc} = \frac{0,8 \times U_{FN}}{L \times R} = \frac{0,8 \times 230}{45 \times \dfrac{2}{56 \times 35}} = 4007 \text{ A}$$

cumpliéndose la condición

$$10 \, I_p = 10 \times 16 = 160 < 4007 = I_{cc}$$

con lo que queda garantizado el disparo del PIA, en modo magnético, en todos los casos, incluso cuando el cortocircuito se presenta al final del circuito.

4. protección contra cortocircuito (poder de corte P_c)

La intensidad de cortocircuito se calcula para el punto donde está situado el equipo de protección, en este caso el cuadro general. Se obtiene considerando la resistencia desde la CPM, hasta el cuadro general, según Anexo III de la Guía-BT. La derivación individual es de 50 mm^2 de sección y 45 metros de longitud.

$$I_{cc} = \frac{0,8 \times U_{FN}}{L \times R} = \frac{0,8 \times 230}{45 \times \dfrac{2}{56 \times 35}} = 4007 \text{ A}$$

Los aparatos de corte, térmico y diferencial, tienen un poder de corte de 6 kA, suficiente para proteger el circuito.

$$P_c = 6 \text{ kA} > 4007 \text{ A} = I_{cc}$$

Selectividad

La ITC-BT-19 establece en el Apartado 2.4 los dispositivos de protección de cada circuito estarán adecuadamente coordinados y serán selectivos con los dispositivos generales que les precedan. Esta obligación se traduce en que la intensidad nominal de los equipos de protección de los circuitos derivados ha de ser inferior a la intensidad nominal del equipo de protección que le precede.

La intensidad del PIA de protección de la agrupación de taller de 16 A es inferior a la del interruptor general automático IGA de 100 A.

$$I_{PIA} = 16 \text{ A} < 100 \text{ A} = I_{IGA}$$

Interruptor diferencial

La intensidad del interruptor diferencial, para protección contra contactos indirectos, será igual o superior a la del térmico elegido, por analogía con lo indicado en la ITC-BT-25, Apartado 2.

Se colocará un diferencial de $4 \times 25A$, 30 mA que protegerá a los cuatro circuitos derivados, de acuerdo con lo indicado en la ITC-24, Apartado 4.1.2 (esquema de conexión Tierra-Tierra).

Circuito puente:

Para el circuito puente que une el PIA y el diferencial de la agrupación del taller se elige el mismo conductor H07Z1-K (AS), de 10 mm^2, de forma que queda protegido por el PIA de la agrupación del taller.

Conductor neutro:

De acuerdo con lo indicado en la ITC-BT-19, Apartado 2.2.2, en instalaciones interiores, la sección del conductor neutro será como mínimo igual a la de las fases.

Conductor de protección:

De acuerdo con la Tabla 2 de la ITC-BT-19, el conductor neutro tendrá la misma sección que el conductor de fase al ser la sección de los conductores de fase inferior a 16 mm^2.

Tabla 8. Secciones del conductor de protección.

Sección conductores de fase S (mm^2)	Sección conductor protección S$_p$ (mm^2)
S≤16	S$_p$=S
16<S≤35	S$_p$=16
S>35	S$_p$=S/2

Tubo de protección

Este circuito está situado dentro del cuadro general siendo de corta longitud, por tanto no necesita tubo de protección. En el caso de proyectarse un cuadro secundario para el taller separado del cuadro general, se colocaría un circuito bajo tubo empotrado, quedando en el cuadro general tan sólo del PIA que lo gobierna. En el cuadro secundario se dispondría de otro PIA y el diferencial.

De acuerdo con lo indicado en la ITC-BT-21, Apartado 1.2.2, para conductores bajo tubo en canalizaciones empotradas, Tabla 5, los tubos serán de tipo flexible código 2221 y no propagadores de la llama.

El diámetro del tubo de protección se obtiene de la Tabla 5 de la Guía-BT-21 (canalización empotrada). Se dispone de 3 conductores, fase, neutro y protección, por tanto, el diámetro será 32 mm.

Tabla 9. Diámetro canalizaciones enterradas.

Tabla 5, ITC-BT-21, canalizaciones empotradas				
Diámetros exteriores mínimos de los tubos				
Sección nominal conductores	Diámetros exterior de los tubos (mm)			
	1	2	3	4	5
1,5	12	12	16	16	20
2,5	12	16	20	20	20
4	12	16	20	20	25
6	12	16	25	25	25
10	16	25	25	32	32
16	20	25	32	32	40
25	25	32	40	40	50
35	25	40	40	50	50
50	32	40	50	50	63
70	32	50	63	63	63
95	40	50	63	75	75
120	40	63	75	75	–
150	50	63	75	–	–
185	50	75	–	–	–
240	63	75	–	–	–

Conclusión

Una solución es:

> Circuito alimentación taller = H07Z1-K(AS), $2 \times 10{+}10 \text{ mm}^2$
>
> PIA 4×16 A, 6 kA
>
> Diferencial 4×25, 30 mA
>
> Instalación dentro del CGPM

Para cada uno de los cuatro circuitos que parten de esta agrupación, se realizan los cálculos de la siguiente forma, teniendo especial cuidado cuando en el circuito se prevean motores o lámparas de descarga.

13.1.1. Circuito de alumbrado taller

Por ejemplo, para el circuito de alumbrado, se utilizan 8 luminarias led de 40 W, por tanto, con un coeficiente de simultaneidad de 1 (puede estar todo encendido), por lo que la potencia a considerar o de cálculo es de 320 W.

Con esto la intensidad del circuito es, considerando cos φ=1 para lámparas led, de:

$$I = \frac{P}{U_F \times \cos\varphi} = \frac{320}{230 \times 1} = 1{,}39 \text{ A}$$

Se elige un cable de cobre aislado con poliolefina Z1, H07Z1-K (AS), de 1,5 mm² de sección, a instalar bajo tubo a empotrar en pared, que presenta una intensidad admisible de 14,5 A (según la Tabla C52,1 bis de la norma HD60364), superior a la intensidad esperada de 1,39 A calculada.

Tabla 10. Intensidades admisibles.

Método de instalación	2	3	4	5a	5b	6a	6b	7a	7b	8a	8b	9a	9b	10a	10b	11	12	13
A1		PVC3	PVC2				XLPE3		XLPE2									
A2	PVC3	PVC2			XLPE3		XLPE2											
B1				PVC3		PVC2					XLPE3				XLPE2			
B2			PVC3	PVC2				XLPE3		XLPE2								
C						PVC3				PVC2			XLPE3		XLPE2			
E							PVC3				PVC2				XLPE3	XLPE2		
F									PVC3				PVC2		XLPE3			XLPE2
1	2	3	4	5a	5b	6a	6b	7a	7b	8a	8b	9a	9b	10a	10b	11	12	13
Sección mm² COBRE																		
1,5	11	11,5	12,5	13,5	14	14,5	15,5	16	16,5	17	17,5	19	20	20	20	21	23	–
2,5	15	15,5	17	18	19	20	20	21	22	23	24	26	27	26,5	28	30	32	–
4	20	20	22	24	25	26	28	29	30	31	32	34	36	36	38	40	44	–
6	25	26	29	31	32	34	36	37	39	40	41	44	46	46	49	52	52	–
10	33	36	40	43	45	46	49	52	54	54	57	60	63	65	68	72	78	–
16	45	48	53	59	61	63	66	69	72	73	77	81	85	87	91	97	104	–
25	59	63	69	77	80	82	86	87	91	95	100	103	108	110	115	122	135	146
35	–	–	–	95	100	101	106	109	114	119	124	127	133	137	143	153	168	182
50	–	–	–	116	121	122	128	133	139	145	151	155	162	167	174	188	204	220
70	–	–	–	148	155	155	162	170	178	185	193	199	208	214	223	243	262	282
95	–	–	–	180	188	187	196	207	216	224	234	241	252	259	271	298	320	343
120	–	–	–	207	217	216	226	240	251	260	272	280	293	301	314	350	373	397
150	–	–	–	–	–	247	259	276	289	299	313	322	337	343	359	401	430	458
185	–	–	–	–	–	281	294	314	329	341	356	368	385	391	409	460	493	523
240	–	–	–	–	–	330	345	368	385	401	419	435	455	468	489	545	583	617

Se indican como 3 los circuitos trifásicos y como 2 los monofásicos.
A efecto de las instensidades admisibles los cables con aislamiento termoplástico a base de poliolefina (Z1) son equivalentes a los cables con aislamiento de policloruro de vinilo (V)

En el tubo discurrirá únicamente un único circuito por lo que el factor de reducción de la intensidad por agrupamiento es 1, según Guía-ITC-BT 19, Apartado 2.2.3.

1. protección contra sobrecarga y cortocircuito del conductor (se elige un PIA 10 A)

$$I_N = 1,39 < I_p = 10 < I_{adm} = 14,5 \text{ A}$$

2. caída de tensión

La caída de tensión es, considerando una longitud L=15 metros hasta la última luminaria

$$\Delta v(\%) = \frac{2 \times P \times L}{S \times C \times U^2} \times 100 = \frac{2 \times 320 \times 15}{1,5 \times 56 \times 230^2} \times 100 = 0,22 < 3\%$$

3. protección contra cortocircuitos (condición de disparo del PIA)

La intensidad de cortocircuito se obtiene de la expresión siguiente indicada en el Anexo III de la Guía-BT-23, Apartado 1.1. La I_{cc} se calcula para el punto más alejado del circuito, donde menor será la corriente de cortocircuito que debe hacer que dispare el PIA, que en este caso es el final del circuito.

Además, se considera como origen o punto de alimentación del cortocircuito la CPM, según el Anexo III de la Guía de Aplicación del Reglamento.

Se obtiene considerando la resistencia desde la CPM de la industria, hasta el final del circuito de alumbrado, según Anexo III de la Guía-BT. La derivación individual es de 35 mm² de sección y 45 metros de longitud.

$$I_{cc} = \frac{0,8 \times U_{FN}}{L \times R} = \frac{0,8 \times 230}{45 \times \dfrac{2}{56 \times 35} + 15 \times \dfrac{2}{56 \times 1,5}} = 456 \text{ A}$$

cumpliéndose la condición

$$10 \, I_p = 10 \times 10 = 100 < 456 = I_{cc}$$

con lo que queda garantizado el disparo del PIA, en modo magnético, en todos los casos, incluso cuando el cortocircuito se presenta al final del circuito.

Debe observarse que el cortocircuito y la sobrecarga están protegidos por dos PIAs, el general de la agrupación de taller de 4 × 25 A y el derivado para el circuito de alumbrado de 2 × 10 A.

4. protección contra cortocircuito (poder de corte P_c)

La intensidad de cortocircuito se calcula para el punto donde está situado el equipo de protección, en este caso el cuadro general. Se obtiene considerando la resistencia desde la CPM, hasta el cuadro general, según Anexo III de la Guía-BT. La derivación individual es de 50 mm² de sección y 45 metros de longitud.

$$I_{cc} = \frac{0,8 \times U_{FN}}{L \times R} = \frac{0,8 \times 230}{45 \times \dfrac{2}{56 \times 35}} = 4007$$

Los aparatos de corte, térmico y diferencial, tienen un poder de corte de 6 kA, suficiente para proteger el circuito.

$$P_c = 6 \text{ kA} > 4007 \text{ A} = I_{cc}$$

Selectividad

La ITC-BT-19 establece en el Apartado 2.4 los dispositivos de protección de cada circuito estarán adecuadamente coordinados y serán selectivos con los dispositivos generales que les precedan. Esta obligación se traduce en que la intensidad nominal de los equipos de protección de los circuitos derivados ha de ser inferior a la intensidad nominal del equipo de protección que le precede.

La intensidad del PIA de protección del circuito de alumbrado de 16 A es inferior a la del PIA de alimentación del taller de 25 A.

$$I_{PIA\_ALU} = 16 \text{ A} < 25 \text{ A} = I_{IGA\_TALLER}$$

Interruptor diferencial

No hace falta diferencial para este circuito pues la protección viene dada por el diferencial de la agrupación que atiende a la zona de taller.

Conductor neutro

De acuerdo con lo indicado en la ITC-BT-19, Apartado 2.2.2, en instalaciones interiores, la sección del conductor neutro será como mínimo igual a la de las fases.

Conductor de protección:

De acuerdo con la Tabla 2 de la ITC-BT-19, el conductor neutro tendrá la misma sección que el conductor de fase al ser la sección de los conductores de fase inferior a 16 mm².

Tabla 11. Secciones del conductor de protección.

Sección conductores de fase S (mm²)	Sección conductor protección S_p (mm²)
S≤16	S_p=S
16<S≤35	S_p=16
S>35	S_p=S/2

Tubo de protección

De acuerdo con lo indicado en la ITC-BT-21, Apartado 1.2.2, para conductores bajo tubo en canalizaciones empotradas, Tabla 5, los tubos serán de tipo flexible código 2221 y no propagadores de la llama.

El diámetro del tubo de protección se obtiene de la Tabla 5 de la Guía-BT-21 (canalización empotrada). Se dispone de 3 conductores, fase, neutro y protección, por tanto, el diámetro será 16 mm.

Tabla 12. Diámetro canalizaciones empotradas.

Sección nominal conductores	Tabla 5, ITC-BT-21, canalizaciones empotradas Diámetros exteriores mínimos de los tubos Diámetros exterior de los tubos (mm)				
	1	2	3	4	5
1,5	12	12	16	16	20
2,5	12	16	20	20	20
4	12	16	20	20	25
6	12	16	25	25	25
10	16	25	25	32	32
16	20	25	32	32	40
25	25	32	40	40	50
35	25	40	40	50	50
50	32	40	50	50	63
70	32	50	63	63	63
95	40	50	63	75	75
120	40	63	75	75	–
150	50	63	75	–	–
185	50	75	–	–	–
240	63	75	–	–	–

Conclusión

Una solución es:

Circuito alumbrado taller = H07Z1-K(AS), $2 \times 1,5+1,5$ mm^2, Φ=16 mm

PIA 2×10, 6 kA

Instalación bajo tubo empotrada, método instalación B1, Φ=16 mm 2221 np llama

La industria no presenta recintos de pública concurrencia, por lo que no le es exigible la instalación de alumbrado de emergencia, de acuerdo con la ITC-BT-28, Apartado 3.3.1. A pesar de ello se ha proyectado un circuito de emergencia para cada una de las zonas de la industria, situando luminarias en los accesos, recorridos, cuadros eléctricos y equipos de protección.

Para los circuitos de tomas de corriente y emergencias se procede de la misma forma. Cabe destacar de los circuitos de alumbrado de emergencia tiene potencias muy pequeñas por lo que suele ser suficiente con un conductor de sección mínima, 1,5 mm^2.

En el caso de circuitos que atienden a tomas de corriente, la potencia de cálculo a considerar es la máxima que permite el circuito que en el caso expuesto se ha establecido en 3680 W. Dicho de otra forma, se proyecta el circuito de TC de forma que se puedan conectar equipos móviles concentrados sobre el mismo circuito, aunque el otro circuito de TC esté libre. A efectos prácticos, para la determinación del circuito de TC se considera la potencia de cálculo y no la potencia simultánea.

El esquema resultante es el siguiente:

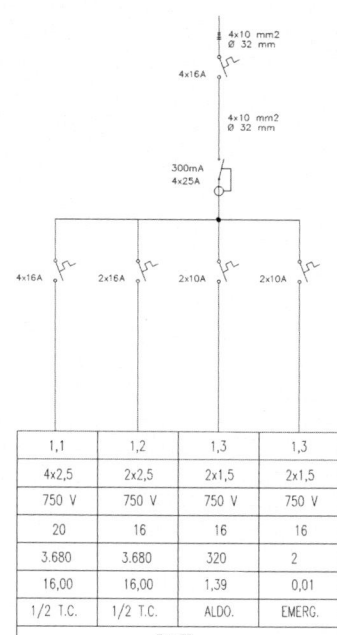

1,1	1,2	1,3	1,3
4x2,5	2x2,5	2x1,5	2x1,5
750 V	750 V	750 V	750 V
20	16	16	16
3.680	3.680	320	2
16,00	16,00	1,39	0,01
1/2 T.C.	1/2 T.C.	ALDO.	EMERG.
TALLER			

Figura 7. Esquema circuito alumbrado taller.

13.2. Circuitos fuerza motriz

Para el circuito de fuerza motriz del lado izquierdo de la nave, la potencia de cálculo es la potencia instalada mayorada en un 25 % por tratarse de motores, de acuerdo con lo indicado en la ITC-BT-47, Apartado 3.1.

Además, se prevé la utilización simultánea de todas las máquinas, es decir, el coeficiente de simultaneidad es 1.

$$P_c = P_i \times 1,25 = 4125 \times 1,25 = 5156 \text{ W}$$

Si bien, la ITC-BT-47 indica que la mayoración se puede hacer sólo para uno de los motores, en este caso se ha mayorado la totalidad de la potencia de todas las máquinas.

Con esto la intensidad del circuito es, considerando cos φ=85 para motores, de:

$$I = \frac{P}{\sqrt{3} \times U \times \cos\varphi} = \frac{5156}{\sqrt{3} \times 400 \times 0,85} = 8,76 \text{ A}$$

Según la ITC-BT-20, Apartado 2.2.9, conductores aislados en bandeja, los circuitos interiores, serán aislados con cubierta, recomendando la Guía-BT-20, la utilización de cables de tensión asignada 0,6/1 kV.

Se elige un cable de cobre aislado con polieolefina Z1, RZ1-K (AS), de 6 mm² de sección, a instalar sobre bandeja (método de instalación C), que presenta una intensidad admisible de 52 A (según la Tabla C52,1 bis de la norma HD60364), superior a la intensidad esperada de 8,76 A calculada.

Tabla 13. Intensidades admisibles.

Tabla C52,1 bis, HD 60364-5-52:2011																		
Intensidades admisibles en amperios. Temperatura ambienta 40ºC en el aire. Conductores de cobre																		
Método de instalación	Número de conductores cargados y tipo de aislamiento																	
A1		PVC3	PVC2			XLPE3		XLPE2										
A2	PVC3	PVC2		XLPE3		XLPE2												
B1			PVC3		PVC2					XLPE3					XLPE2			
B2			PVC3	PVC2				XLPE3	XLPE2									
C						PVC3				PVC2			XLPE3			XLPE2		
E								PVC3				PVC2			XLPE3		XLPE2	
F										PVC3				PVC2		XLPE3		XLPE2
1	2	3	4	5a	5b	6a	6b	7a	7b	8a	8b	9a	9b	10a	10b	11	12	13
Sección mm² COBRE																		
1,5	11	11,5	12,5	13,5	14	14,5	15,5	16	16,5	17	17,5	19	20	20	20	21	23	–
2,5	15	15,5	17	18	19	20	20	21	22	23	24	26	27	26,5	28	30	32	–
4	20	20	22	24	25	26	28	29	30	31	32	34	36	36	38	40	44	–
6	25	26	29	31	32	34	36	37	39	40	41	44	46	46	49	52	52	–
10	33	36	40	43	45	46	49	52	54	54	57	60	63	65	68	72	78	–
16	45	48	53	59	61	63	66	69	72	73	77	81	85	87	91	97	104	–
25	59	63	69	77	80	82	86	87	91	95	100	103	108	110	115	122	135	146
35	–	–	–	95	100	101	106	109	114	119	124	127	133	137	143	153	168	182
50	–	–	–	116	121	122	128	133	139	145	151	155	162	167	174	188	204	220
70	–	–	–	148	155	155	162	170	178	185	193	199	208	214	223	243	262	282
95	–	–	–	180	188	187	196	207	216	224	234	241	252	259	271	298	320	343
120	–	–	–	207	217	216	226	240	251	260	272	280	293	301	314	350	373	397
150	–	–	–	–	–	247	259	276	289	299	313	322	337	343	359	401	430	458
185	–	–	–	–	–	281	294	314	329	341	356	368	385	391	409	460	493	523
240	–	–	–	–	–	330	345	368	385	401	419	435	455	468	489	545	583	617

Se indican como 3 los circuitos trifásicos y como 2 los monofásicos.
A efecto de las intensidades admisibles los cables con aislamiento termoplástico a base de poliolefina (Z1) son equivalentes a los cables con aislamiento de policloruro de vinilo (V)

En la bandeja discurrirá únicamente un único circuito por lo que el factor de reducción de la intensidad por agrupamiento es 1, según Guía-BT-19, Apartado 2.2.3.

1. Protección contra sobrecarga y cortocircuito del conductor (se elige un PIA 25 A)

$$I_N = 8,76 < I_p = 25 < I_{adm} = 52 \text{ A}$$

2. Caída de tensión

La caída de tensión es, considerando una longitud L=50 metros hasta la última máquina

$$\Delta v(\%) = \frac{P \times L}{S \times C \times U^2} \times 100 = \frac{40\,125 \times 50}{6 \times 56 \times 400^2} \times 100 = 0,38 < 5\%$$

3. Protección contra cortocircuitos (condición de disparo del PIA)

La intensidad de cortocircuito se obtiene de la expresión siguiente indicada en el Anexo III de la Guía-BT-23, Apartado 1.1. La I_{cc} se calcula para el punto más alejado del circuito, donde menor será la corriente de cortocircuito que debe hacer que dispare el PIA, que en este caso es el final del circuito.

Además, se considera como origen o punto de alimentación del cortocircuito la CPM, según el Anexo III de la Guía de Aplicación del Reglamento.

Se obtiene considerando la resistencia desde la CPM de la industria, hasta el final del circuito de alumbrado, según Anexo III de la Guía-BT. La derivación individual es de 35 mm² de sección y 45 metros de longitud.

$$I_{cc} = \frac{0,8 \times U_{FN}}{L \times R} = \frac{0,8 \times 230}{45 \times \dfrac{2}{56 \times 35} + 50 \times \dfrac{2}{56 \times 6}} = 535 \text{ A}$$

cumpliéndose la condición

$$10 \, I_p = 10 \times 25 = 250 < 535 = I_{cc}$$

con lo que queda garantizado el disparo del PIA, en modo magnético, en todos los casos, incluso cuando el cortocircuito se presenta al final del circuito.

Debe observarse que el cortocircuito y la sobrecarga están protegidos por dos PIAs, el IGA de 4x100 A y el derivado para el circuito de fuerza motriz de 4x25 A.

4. Protección contra cortocircuito (poder de corte P_c)

La intensidad de cortocircuito se calcula para el punto donde está situado el equipo de protección, en este caso el cuadro general. Se obtiene considerando la resistencia desde la CPM, hasta el cuadro general, según Anexo III de la Guía-BT. La derivación individual es de 50 mm² de sección y 45 metros de longitud.

$$I_{cc} = \frac{0,8 \times U_{FN}}{L \times R} = \frac{0,8 \times 230}{45 \times \dfrac{2}{56 \times 35}} = 4007$$

Los aparatos de corte, térmico y diferencial, tienen un poder de corte de 6kA, suficiente para proteger el circuito.

$$P_c = 6 \text{ kA} > 4007 \text{ A} = I_{cc}$$

Selectividad

La ITC-BT-19 establece en el Apartado 2.4 los dispositivos de protección de cada circuito estarán adecuadamente coordinados y serán selectivos con los dispositivos generales que les precedan. Esta obligación se traduce en que la intensidad nominal de los equipos de protección de los circuitos derivados ha de ser inferior a la intensidad nominal del equipo de protección que le precede.

La intensidad del PIA de protección del circuito de fuerza de 25 A es inferior a la del IGA de 100 A.

$$I_{PIA\_FZA} = 25 \text{ A} < 100 \text{ A} = I_{IGA}$$

Interruptor diferencial

La intensidad del interruptor diferencial, para protección contra contactos indirectos, será igual o superior a la del térmico elegido, por analogía con lo indicado en la ITC-BT-25, Apartado 2.

Se colocará un diferencial de 4×40 A, 300 mA que protegerá al circuito, de acuerdo con lo indicado en la ITC-24, Apartado 4.1.2 (esquema de conexión Tierra-Tierra).

Conductor neutro:

De acuerdo con lo indicado en la ITC-BT-19, Apartado 2.2.2, en instalaciones interiores, la sección del conductor neutro será como mínimo igual a la de las fases.

Conductor de protección:

De acuerdo con la Tabla 2 de la ITC-BT-19, el conductor neutro tendrá la misma sección que el conductor de fase al ser la sección de los conductores de fase inferior a 16 mm².

Tabla 14. Secciones del conductor de protección.

Sección conductores de fase S (mm²)	Sección conductor protección S_p (mm²)
S≤16	S_p=S
16<S≤35	S_p=16
S>35	S_p=S/2

Tubo de protección

La instalación es sobre bandeja, por tanto, no hay tubo de protección.

Para el circuito de fuerza motriz derecha se procede de la misma forma, obteniéndose el mismo circuito.

Conclusión

Una solución es:

Circuitos fuerza motriz nave = RZ1-K(AS), $4 \times 6 + 6$ mm2

PIA 4×25, 6 kA

DIF 4×40, 300 mA

Instalación sobre bandeja, método instalación C

El esquema resultante es el siguiente, para los dos circuitos de fuerza.

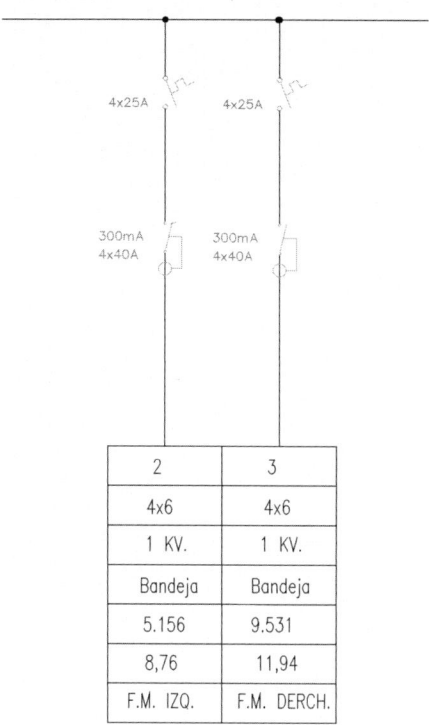

Figura 8. Esquema fuerza motriz.

13.3. Circuito tomas corriente nave

En la industria se proyectan un circuito de tomas de corriente que dará servicio a 2 cajas con TC. Estas cajas disponen de 2 TC monofásicas de 2x16A y 2 TC trifásicas de 4x16 A.

Se prevé la conexión de equipos móviles con un máximo de 3680 W en cada caja, por tanto, esta potencia de cálculo del circuito es:

$$P_c = 2 \times 3680 = 7360 \text{ W}$$

Es conveniente instalar un PIA general de la caja y un diferencial, ante posibles cortes, de forma que un fallo en una caja no afecte al resto del circuito. En caso de colocar en diferencial en la caja, no se requiere diferencial en cabeza del circuito.

Las tomas monofásicas vienen coloreadas en azul y las tomas trifásicas en rojo.

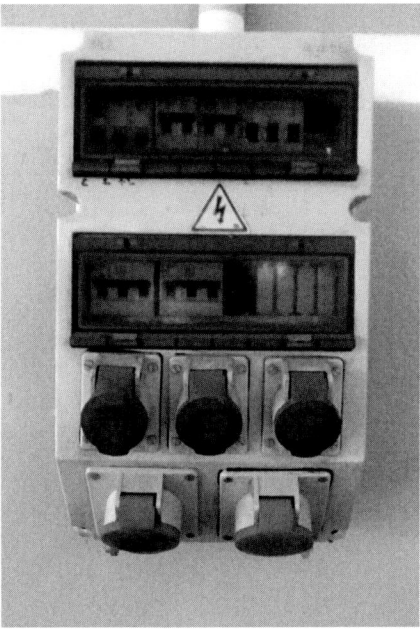

Figura 9. Cofret o caja de TC.

Realizando los mismos cálculos que en los casos desarrollados anteriormente, para una potencia de 7360 W, trifásica, una solución para el circuito para las tomas de corriente, con conductores RZ1-K(AS), es:

Conclusión

Una solución es:

Circuitos fuerza motriz nave = RZ1-K(AS), 4 x 2,5+2,5 mm²

PIA 4 x 16, 6 kA en CGPM

PIA 4 × 16 A en cada cofret

DIF 4 × 25, 300 mA en cada cofret

Instalación en canaleta, método instalación B1

El esquema resultante es el siguiente:

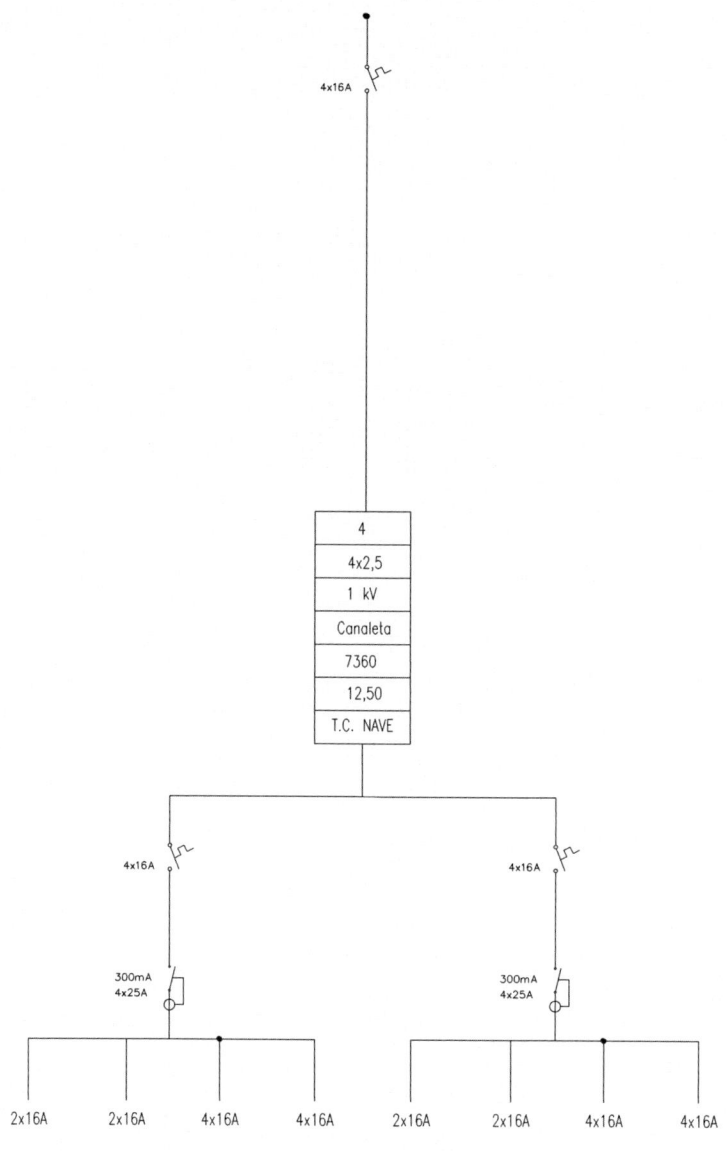

Figura 10. Esquema circuito TC nave con dos cofrets.

Como observación se añade que otra opción muy habitual es realizar un circuito para cada caja con TC con cable de 2,5 mm².

13.4. Circuito alumbrado nave

Se han proyectado 5 circuitos de alumbrado general y un circuito de emergencias.

Procediendo de la forma expuesta el esquema de la instalación resultante es, con conductores H07Z1-K (AS) de 1,5 mm².

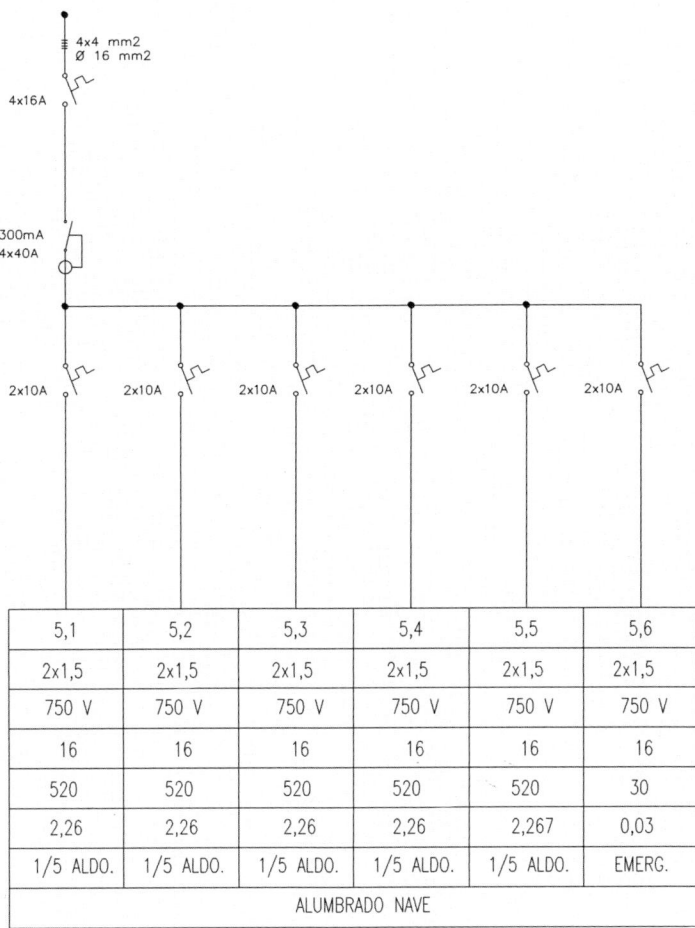

5,1	5,2	5,3	5,4	5,5	5,6
2x1,5	2x1,5	2x1,5	2x1,5	2x1,5	2x1,5
750 V	750 V	750 V	750 V	750 V	750 V
16	16	16	16	16	16
520	520	520	520	520	30
2,26	2,26	2,26	2,26	2,267	0,03
1/5 ALDO.	1/5 ALDO.	1/5 ALDO.	1/5 ALDO.	1/5 ALDO.	EMERG.
ALUMBRADO NAVE					

Figura 11. Esquema circuito alumbrado nave.

13.5. Circuitos oficinas planta baja

Se han proyectado 8 circuitos entre alumbrado, tomas de corriente y aire acondicionado.

Procediendo de la forma expuesta el esquema de la instalación resultante, con conductores H07Z1-K (AS), es:

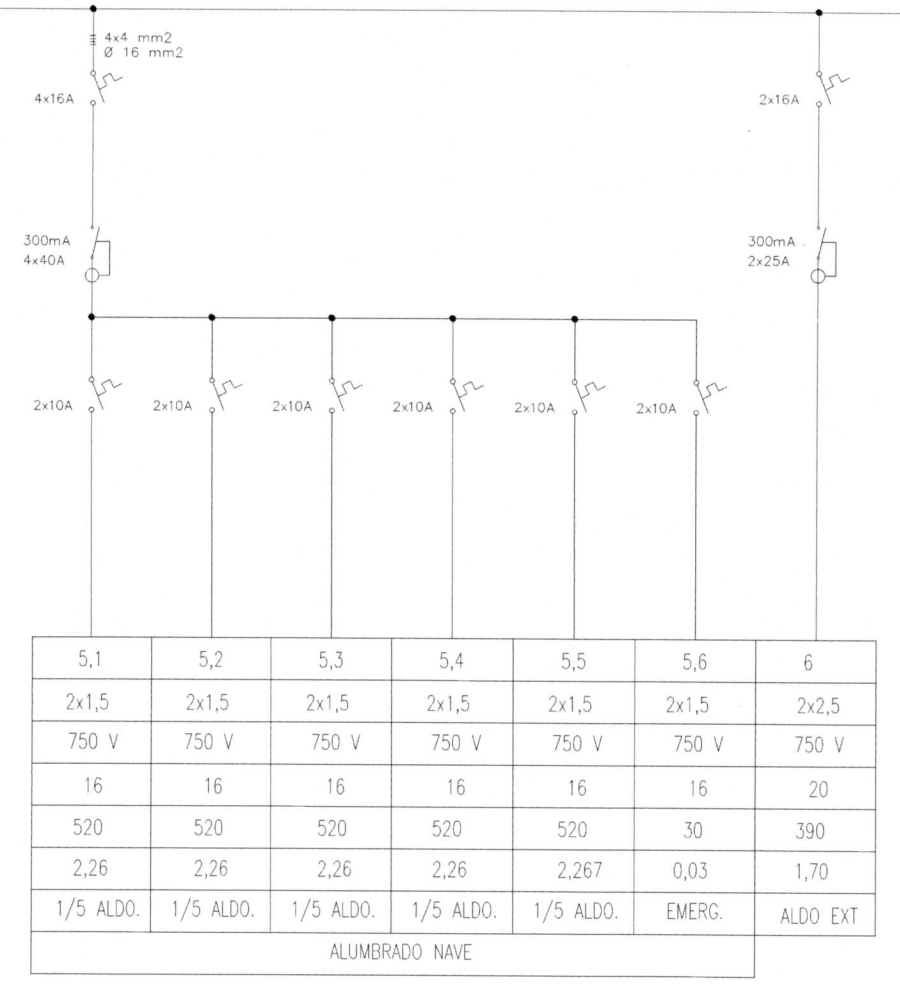

5,1	5,2	5,3	5,4	5,5	5,6	6
2x1,5	2x1,5	2x1,5	2x1,5	2x1,5	2x1,5	2x2,5
750 V	750 V	750 V	750 V	750 V	750 V	750 V
16	16	16	16	16	16	20
520	520	520	520	520	30	390
2,26	2,26	2,26	2,26	2,267	0,03	1,70
1/5 ALDO.	1/5 ALDO.	1/5 ALDO.	1/5 ALDO.	1/5 ALDO.	EMERG.	ALDO EXT
ALUMBRADO NAVE						

Figura 12. Esquema oficinas planta baja.

Para el alumbrado exterior se ha elegido un circuito monofásico con conductores de 2,5 mm² de 750 V, protegido por un térmico de 16 A y un diferencial de 25 A y 300 mA.

13.6. Circuitos oficina planta primera

Se han proyectado 10 circuitos entre alumbrado, tomas de corriente y aire acondicionado.

Procediendo de la forma expuesta el esquema de la instalación resultante, con conductores H07Z1-K (AS), es:

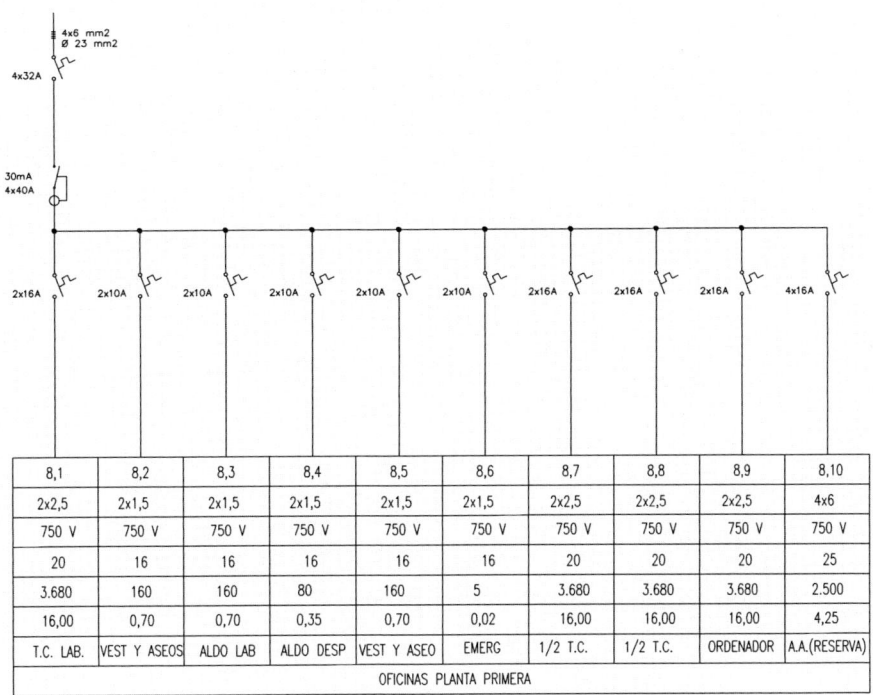

8,1	8,2	8,3	8,4	8,5	8,6	8,7	8,8	8,9	8,10
2x2,5	2x1,5	2x1,5	2x1,5	2x1,5	2x1,5	2x2,5	2x2,5	2x2,5	4x6
750 V	750 V	750 V	750 V	750 V	750 V	750 V	750 V	750 V	750 V
20	16	16	16	16	16	20	20	20	25
3.680	160	160	80	160	5	3.680	3.680	3.680	2.500
16,00	0,70	0,70	0,35	0,70	0,02	16,00	16,00	16,00	4,25
T.C. LAB.	VEST Y ASEOS	ALDO LAB	ALDO DESP	VEST Y ASEO	EMERG	1/2 T.C.	1/2 T.C.	ORDENADOR	A.A.(RESERVA)
				OFICINAS PLANTA PRIMERA					

Figura 13. Esquema oficinas planta primera.

13.7. Circuito reactiva

Se proyecta una batería de condensadores de 6,2 kVAr, para compensar la energía reactiva de los bobinados de los motores.

La determinación del circuito es igual que en los casos anteriores, pero en lugar de trabajar con potencia activa, se trabaja con potencia reactiva.

Para el circuito de reactiva, la potencia de cálculo es la potencia instalada mayorada en un 50 % por tratarse de condensadores, de acuerdo con lo indicado en la ITC-BT-48, Apartado 2.3.

La intensidad del circuito es, considerando sen φ=1, para una batería de condensadores, de:

$$I= \frac{Q}{\sqrt{3}\times U\times sen\varphi} = \frac{6200\times 1,50}{\sqrt{3}\times 400\times 1} = 13,42 \text{ A}$$

Según la ITC-BT-20, Apartado 2.2.1, conductores aislados bajo tubos protectores, los circuitos interiores, serán aislados, siendo su tensión nominal no inferior a 450/750 kV.

Se elige un cable de cobre aislado con polieolefina Z1, H07Z1-K (AS), de 2,5 mm² de sección, a instalar en canaleta (método de instalación B1), que presenta una intensidad admisible de 18 A (según la Tabla C52,1 bis de la norma HD60364), superior a la intensidad esperada de 13,42 A calculada.

Tabla 15. Intensidades admisibles.

Tabla C52,1 bis, HD 60364-5-52:2011																		
Intensidades admisibles en amperios. Temperatura ambienta 40ºC en el aire. Conductores de cobre																		
Método de instalación	Número de conductores cargados y tipo de aislamiento																	
A1		PVC3	PVC2			XLPE3		XLPE2										
A2	PVC3	PVC2			XLPE3	XLPE2												
B1				PVC3		PVC2				XLPE3				XLPE2				
B2			PVC3	PVC2				XLPE3		XLPE2								
C						PVC3			PVC2			XLPE3				XLPE2		
E							PVC3				PVC2				XLPE3	XLPE2		
F									PVC3					PVC2		XLPE3		XLPE2
1	2	3	4	5a	5b	6a	6b	7a	7b	8a	8b	9a	9b	10a	10b	11	12	13
Sección mm² COBRE																		
1,5	11	11,5	12,5	13,5	14	14,5	15,5	16	16,5	17	17,5	19	20	20	20	21	23	–
2,5	15	15,5	17	18	19	20	21	22	23	24	26	27	26,5	28	30	32	–	–
4	20	20	22	24	25	26	28	29	30	31	32	34	36	36	38	40	44	–
6	25	26	29	31	32	34	36	37	39	40	41	44	46	46	49	52	52	–
10	33	36	40	43	45	46	49	52	54	54	57	60	63	65	68	72	78	–
16	45	48	53	59	61	63	66	69	72	73	77	81	85	87	91	97	104	–
25	59	63	69	77	80	82	86	87	91	95	100	103	108	110	115	122	135	146
35	–	–	–	95	100	101	106	109	114	119	124	127	133	137	143	153	168	182
50	–	–	–	116	121	122	128	133	139	145	151	155	162	167	174	188	204	220
70	–	–	–	148	155	155	162	170	178	185	193	199	208	214	223	243	262	282
95	–	–	–	180	188	187	196	207	216	224	234	241	252	259	271	298	320	343
120	–	–	–	207	217	216	226	240	251	260	272	280	293	301	314	350	373	397
150	–	–	–	–	–	247	259	276	289	299	313	322	337	343	359	401	430	458
185	–	–	–	–	–	281	294	314	329	341	356	368	385	391	409	460	493	523
240	–	–	–	–	–	330	345	368	385	401	419	435	455	468	489	545	583	617

Se indican como 3 los circuitos trifásicos y como 2 los monofásicos.
A efecto de las instensidades admisibles los cables con aislamiento termoplástico a base de polieolefina (Z1) son equivalentes a los cables con aislamiento de policloruro de vinilo (V)

En el tubo discurrirá únicamente un único circuito por lo que el factor de reducción de la intensidad por agrupamiento es 1, según Guía-BT-19, apartado 2.2.3.

1.- Protección contra sobrecarga y cortocircuito del conductor (se elige un PIA 16 A)

$$I_N = 13,42 < I_p = 16 < I_{adm} = 18 \text{ A}$$

2.- Caída de tensión

La batería de condensadores se sitúa junto al cuadro general y la longitud del circuito es muy pequeña. Por otro lado, los condensadores no provocan caída de tensión, por lo que no procede su cálculo.

3.- Protección contra cortocircuitos (condición de disparo del PIA)

La intensidad de cortocircuito se obtiene de la expresión siguiente indicada en el Anexo III de la Guía-BT-23, Apartado 1.1. La I_{cc} se calcula para el punto más alejado del circuito, donde menor será la corriente de cortocircuito que debe hacer que dispare el PIA, que en este caso es el final del circuito.

Además, se considera como origen o punto de alimentación del cortocircuito la CPM, según el Anexo III de la Guía de Aplicación del Reglamento.

Se obtiene considerando la resistencia desde la CPM de la industria, hasta el final del circuito de reactiva, según Anexo III de la Guía-BT. La derivación individual es de 35 mm² de sección y 45 metros de longitud. Se considera una longitud del circuito de reactiva de 3 m porque está situado muy cerca del cuadro general.

$$I_{cc} = \frac{0,8 \times U_{FN}}{L \times R} = \frac{0,8 \times 230}{45 \times \frac{2}{56 \times 35} + 3 \times \frac{2}{56 \times 2,5}} = 2072 \text{ A}$$

cumpliéndose la condición

$$10 \, I_p = 10 \times 16 = 160 < 2072 = I_{cc}$$

con lo que queda garantizado el disparo del PIA, en modo magnético, en todos los casos, incluso cuando el cortocircuito se presenta al final del circuito.

Debe observarse que el cortocircuito y la sobrecarga están protegidos por dos PIAs, el IGA de 4 × 100 A y el derivado para el circuito de reactiva de 4 × 16 A.

4.- Protección contra cortocircuito (poder de corte P_c)

La intensidad de cortocircuito se calcula para el punto donde está situado el equipo de protección, en este caso el cuadro general. Se obtiene considerando la resistencia desde la CPM, hasta el cuadro general, según Anexo III de la Guía-BT. La derivación individual es de 50 mm² de sección y 45 metros de longitud.

$$I_{cc} = \frac{0,8 \times U_{FN}}{L \times R} = \frac{0,8 \times 230}{45 \times \frac{2}{56 \times 35}} = 4007$$

Los aparatos de corte, térmico y diferencial, tienen un poder de corte de 6 kA, suficiente para proteger el circuito.

$$P_c = 6 \text{ kA} > 4007 \text{ A} = I_{cc}$$

Selectividad

La ITC-BT-19 establece en el Apartado 2.4 los dispositivos de protección de cada circuito estarán adecuadamente coordinados y serán selectivos con los dispositivos generales que les precedan. Esta obligación se traduce en que la intensidad nominal de los equipos de protección de los circuitos derivados ha de ser inferior a la intensidad nominal del equipo de protección que le precede.

La intensidad del PIA de protección del circuito de reactiva de 16 A es inferior a la del interruptor general automático IGA de 100 A.

$$I_{PIA\_Reactiva} = 16 \text{ A} < 100 \text{ A} = I_{IGA}$$

Interruptor diferencial

La intensidad del interruptor diferencial, para protección contra contactos indirectos, será igual o superior a la del térmico elegido, por analogía con lo indicado en la ITC-BT-25, Apartado 2.

Se colocará un diferencial de 4×25 A, 300 mA que protegerá al circuito, de acuerdo con lo indicado en la ITC-24, Apartado 4.1.2 (esquema de conexión Tierra-Tierra).

Conductor neutro

De acuerdo con lo indicado en la ITC-BT-19, Apartado 2.2.2, en instalaciones interiores, la sección del conductor neutro será como mínimo igual a la de las fases.

Conductor de protección

De acuerdo con la Tabla 2 de la ITC-BT-19, el conductor neutro tendrá la misma sección que el conductor de fase al ser la sección de los conductores de fase inferior a 16 mm².

Tabla 16. Sección conductor protección.

Sección conductores de fase S (mm²)	Sección conductor protección S_p (mm²)
S≤16	$S_p=S$
16<S≤35	$S_p=16$
S>35	$S_p=S/2$

Tubo de protección

La instalación es en canaleta, por tanto, no hay tubo de protección.

Conclusión

Una solución es:

Circuito reactiva = H07Z1-K(AS), $4 \times 2,5+2,5$ mm^2

PIA 4×16, 6 kA

DIF 4×25, 300 mA

Instalación en canaleta, método instalación B1

El esquema resultante es el siguiente:

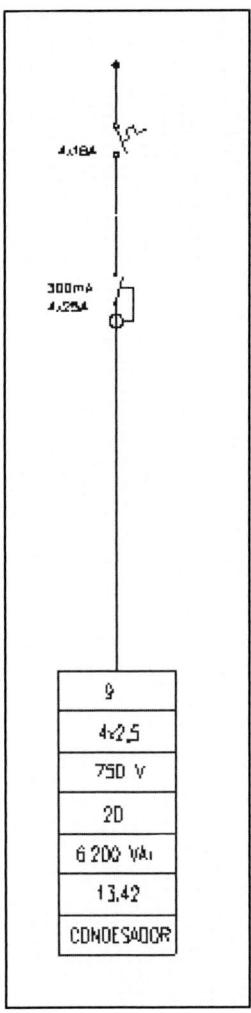

Figura 14. Esquema circuito reactiva.

13.8. Circuito vehículo eléctrico

Se proyecta la instalación de una zona en aparcamiento para dar servicio a dos plazas con una potencia de 11,085 kW (carga trifásica a 16 A) por punto de recarga, mediante un circuito de carga colectivo, situación habitual en estos casos.

Figura 15. Punto de recarga de 11 kW. Fuente: novatecnic.com.

El punto o estación de recarga está diseñado para trabajar en corriente trifásica con una intensidad de 16 A, lo que supone una potencia de:

Potencia estación de recarga = 11,085 kW

La alimentación de estas cuatro estaciones de recarga no proviene de una centralización de contadores ni se trata de una vivienda unifamiliar, por lo que se ajusta al esquema 4b de la ITC-BT 52, con el único matiz de que el circuito atenderá a dos estaciones de recarga.

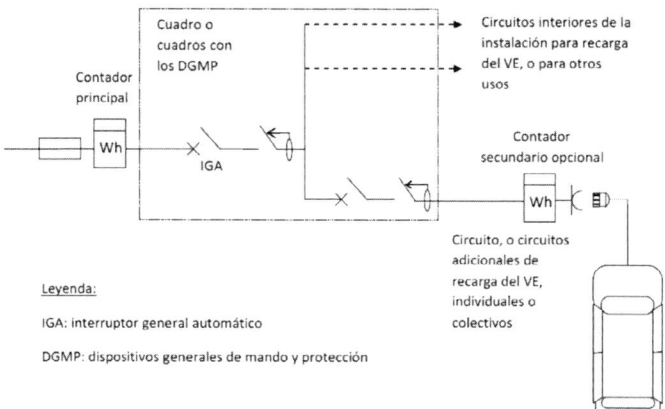

Figura 16. Esquema de instalación 4b: instalación con circuito o circuitos adicionales para la recarga del vehículo eléctrico.

Se observa en el esquema que, desde el cuadro general de mando y protección de la empresa, se añade un circuito exclusivo para la alimentación de los puntos de recarga. En el caso de estudio el circuito alimenta a dos estaciones de recarga.

Los puntos de recarga admiten una potencia unitaria de 11,085 kW. En este caso se procederá a determinar un circuito para alimentar sólo un vehículo a plena potencia de forma simultánea, por tanto, la potencia prevista es:

Potencia prevista $= 1 \times 11{,}085 = 11{,}085$ kW

Por tanto, será necesario instalar un Sistema de Control Interno SCI para limitar la potencia a 11,085 kW, disminuyendo la intensidad de carga a cada punto si, en un momento determinado, hay cuatro vehículos cargando de forma simultánea. Estos sistemas también con conocidos como equipos de control dinámico de carga o sistemas de gestión dinámica de potencia, EPC.

Los fabricantes de estaciones de recarga disponen de este tipo de sistemas para sus propios equipos.

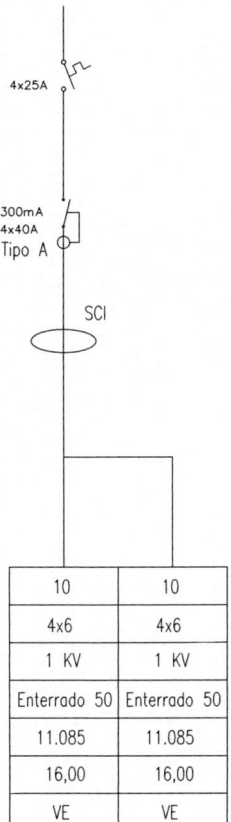

Figura 17. Esquema circuito vehículo eléctrico.

La potencia que tiene que atender este circuito es de 44,34 kW (trifásica de 32 A), por tanto, la intensidad esperada es:

$$I = \frac{P}{\sqrt{3}\times U \times \cos\varphi} = \frac{11\,085}{\sqrt{3}\times 400 \times 1} = 16 \text{ A}$$

El Apartado 5 la ITC-BT 52 indica que los conductores utilizados en los circuitos de alimentación del vehículo eléctrico, serán generalmente de cobre y su sección no será inferior a 2,5 mm², aunque podrán ser de aluminio en instalaciones distintas de las viviendas o en aparcamientos colectivos en edificios de viviendas, en cuyo caso la sección mínima será de 4 mm².

El circuito irá sobre bandeja en el interior de la industria y enterrado en la parte exterior del aparcamiento.

Según la ITC-BT-20, Apartado 2.2.3, para conductores aislados enterrados, los conductores deberán ir bajo tubo y serán de tensión asignada 0,6/1 kV. La Guía-BT-20.

Se elige un cable unipolar de cobre aislado de polietileno, RZ1-K (AS), de 6 mm² de sección, a instalar sobre bandeja en el interior de la industria (método de instalación C) con intensidad admisible 46 A y bajo tubo enterrado en el exterior (método de instalación B1), que presenta una intensidad admisible de 41 A, (según Tabla C52, 1bis de la norma HD60364).

Tabla 17. Intensidades admisibles.

Tabla C52,1 bis, HD 60364-5-52:2011
Intensidades admisibles en amperios. Temperatura ambiente 40ºC en el aire. Conductores de cobre

Número de conductores cargados y tipo de aislamiento

Método de instalación	2	3	4	5a	5b	6a	6b	7a	7b	8a	8b	9a	9b	10a	10b	11	12	13
A1		PVC3	PVC2					XLPE3		XLPE2								
A2	PVC3	PVC2			XLPE3		XLPE2											
B1			PVC3			PVC2					XLPE3			XLPE2				
B2		PVC3	PVC2					XLPE3	XLPE2									
C			PVC3						PVC2				XLPE3			XLPE2		
E							PVC3					PVC2				XLPE3	XLPE2	
F									PVC3					PVC2			XLPE3	XLPE2
1	2	3	4	5a	5b	6a	6b	7a	7b	8a	8b	9a	9b	10a	10b	11	12	13
Sección mm² COBRE																		
1,5	11	11,5	12,5	13,5	14	14,5	15,5	16	16,5	17	17,5	19	20	20	20	21	23	–
2,5	15	15,5	17	18	19	20	20	21	22	23	24	26	27	26,5	28	30	32	–
4	20	20	22	24	25	26	28	29	30	31	32	34	36	36	38	40	44	–
6	25	26	29	31	32	34	36	37	39	40	41	44	46	46	49	52	52	–
10	33	36	40	43	45	46	49	52	54	54	57	60	63	65	68	72	78	–
16	45	48	53	59	61	63	66	69	72	73	77	81	85	87	91	97	104	–
25	59	63	69	77	80	82	86	87	91	95	100	103	108	110	115	122	135	146
35	–	-	-	95	100	101	106	109	114	119	124	127	133	137	143	153	168	182
50	–	-	-	116	121	122	128	133	139	145	151	155	162	167	174	188	204	220
70	–	–	–	148	155	155	162	170	178	185	193	199	208	214	223	243	262	282
95	–	–	–	180	188	187	196	207	216	224	234	241	252	259	271	298	320	343
120	–	–	–	207	217	216	226	240	251	260	272	280	293	301	314	350	373	397
150	–	–	–	–	–	247	259	276	289	299	313	322	337	343	359	401	430	458
185	–	–	–	–	–	281	294	314	329	341	356	368	385	391	409	460	493	523
240	–	–	–	–	–	330	345	368	385	401	419	435	455	468	489	545	583	617

Se indican como 3 los circuitos trifásicos y como 2 los monofásicos.
A efecto de las instensidades admisibles los cables con aislamiento termoplástico a base de poliolefina (Z1) son equivalentes a los cables con aislamiento de policloruro de vinilo (V)

En el tubo discurrirá únicamente un único circuito por lo que el factor de reducción de la intensidad por agrupamiento es 1, según Guía-BT-19, Apartado 2.2.3.

1.- Protección contra sobrecarga del conductor

El Apartado 6.3 de la ITC-BT-52 indica que en los circuitos de recarga, hasta el punto de conexión, deberán protegerse contra sobrecargas y cortocircuitos con dispositivos de corte omnipolar, curva C, que son los convencionales en instalaciones domésticas o análogas.

En el cuadro general de donde parte el circuito se dispondrá de un interruptor automático PIA de 25 A, curva de disparo C, para protección del circuito frente a sobrecargas y cortocircuitos, en cumplimiento de lo establecido en la ITC-BT-22.

$$16 = I \leq I_p = 25 \leq I_{adm} = 41 \text{ A}$$

2.- Caída de tensión (L=35 m)

El Apartado 5 la ITC-BT 52 indica que la caída de tensión máxima admisible en cualquier circuito desde su origen hasta el punto de recarga no será superior al 5 %.

Se considera una longitud del circuito entre el cuadro general de protección y mando CGPM hasta la estación de recarga más alejada de 35 m, siendo la caída de tensión:

$$\Delta v (\%) = \frac{P \times L}{S \times C \times U^2} \times 100 = \frac{11\,085 \times 35}{6 \times 56 \times 400^2} \times 100 = 0{,}72 < 5\%$$

3.- Protección contra cortocircuitos (condición de disparo del PIA)

La I_{cc} se calcula para el punto más alejado del circuito, donde menor será la corriente de cortocircuito que debe hacer que dispare el PIA, que en este caso es la propia estación de recarga, situada a 50 metros del cuadro general del centro comercial.

Además, se considera como origen o punto de alimentación del cortocircuito la CGP, según el Anexo III de la Guía de Aplicación del Reglamento.

Se obtiene considerando la resistencia desde la CPM, hasta el último punto de recarga, según Anexo III de la Guía-BT. El cuadro general de la empresa está alimentado por la derivación individual, de 35 mm² de sección y 45 metros de longitud desde la CPM o el transformador, por tanto, la Icc es considerando la resistencia de la DI y el tramo de circuito hasta el último punto de recarga de 50 m:

$$I_{cc} = \frac{0{,}8 \times U_{FN}}{L \times R} = \frac{0{,}8 \times 230}{45 \times \frac{2}{56 \times 35} + 50 \times \frac{2}{56 \times 6}} = 535 \text{ A}$$

cumpliéndose la condición:

$$10\, I_p = 10 \times 25 = 250 < 535 \text{ A} = I_{cc}$$

con lo que queda garantizado el disparo del PIA en todos los casos, incluso cuando el cortocircuito se presenta al final del circuito.

4.- Protección contra cortocircuito (poder de corte P_c)

El valor de I_{cc} considerando en el cuadro general donde se instala la protección de cabeza del circuito es:

$$I_{cc} = \frac{0,8 \times U_{FN}}{L \times R} = \frac{0,8 \times 230}{40 \times \frac{2}{56 \times 6}} = 686 \text{ A}$$

El poder de corte del PIA, situado en el cuadro general, es de 6 kA, muy superior a la I_{cc} esperable.

$$I_{cc} = 686 < P_c = 6000 \text{ A}$$

Selectividad

La ITC-BT-19 establece en el Apartado 2.4 los dispositivos de protección de cada circuito estarán adecuadamente coordinados y serán selectivos con los dispositivos generales que les precedan. Esta obligación se traduce en que la intensidad nominal de los equipos de protección de los circuitos derivados ha de ser inferior a la intensidad nominal del equipo de protección que le precede.

La intensidad del PIA de protección del circuito para VE de 25 A es inferior a la del interruptor general automático IGA de 100 A.

$$I_{PIA\_VE} = 25 \text{ A} < 100 \text{ A} = I_{IGA}$$

Conductor neutro

De acuerdo con lo indicado en la ITC-BT-19, Apartado 2.2.2, en instalaciones interiores, la sección del conductor neutro será como mínimo igual a la de las fases.

Conductor de protección

De acuerdo con la Tabla 2 de la ITC-BT-19, el conductor de protección tendrá una sección de 6 mm^2, al ser la sección del conductor de fase menor 16 mm^2.

Tabla 18. Secciones del conductor de protección.

Sección conductores de fase S (mm^2)	Sección conductor protección S$_p$ (mm^2)
S≤16	S$_p$=S
16<S≤35	S$_p$=16
S>35	S$_p$=S/2

Tubo de protección

De acuerdo con lo indicado en la ITC-BT-21, Apartado 1.2.2, para conductores bajo tubo en canalizaciones enterradas, los tubos serán de tipo flexible código 0432.

El diámetro del tubo de protección se obtiene de la Tabla 9 de la Guía-BT-21 (canalización enterrada). Se dispone de 3 conductores de fase, neutro y protección, por tanto, el diámetro será 50 mm.

Tabla 19. Diámetro del tubo de protección.

Sección nominal de los conductores unipolares (mm²)	Diámetro exterior de los tubos (mm)				
	Número de conductores				
	≤ 6	7	8	9	10
1,5	25	32	32	32	32
2,5	32	32	40	40	40
4	40	40	40	40	50
6	50	50	50	63	63
10	63	63	63	75	75
16	63	75	75	75	90
25	90	90	90	110	110
35	90	110	110	110	125
50	110	110	125	125	140
70	125	125	140	160	160
95	140	140	160	160	180
120	160	160	180	180	200
150	180	180	200	200	225
185	180	200	225	225	250
240	225	225	250	250	--

Interruptor diferencial

El Apartado 6.1 de la ITC-BT-52 indica que cada punto de conexión deberá protegerse individualmente mediante un dispositivo de protección diferencial con sensibilidad máxima de 30 mA. Los dispositivos de protección diferencial serán de clase A (inmunizados).

En el caso de circuitos colectivos, con objeto de asegurar la selectividad, la protección diferencial instalada en el origen del circuito de recarga colectivo será selectiva (tipo S) o retardada con la instalada aguas abajo.

La intensidad del interruptor diferencial, para protección contra contactos indirectos, será igual o superior a la del térmico elegido, por analogía con lo indicado en la ITC-BT-25, Apartado 2.

Una solución es un interruptor diferencial de 40 A con 30 mA de sensibilidad.

DIF= 40 A, 30 mA, tipo A y S

Protección de sobretensiones

El Apartado 6.4 de la ITC-BT-52, indica que todos los circuitos deben estar protegidos contra sobretensiones temporales y transitorias, que debe estar instalado en la proximidad del origen de la instalación.

De acuerdo con lo indicado en el Apartado 4 de la Guía-BT-23, en general se puede lograr la protección de la instalación contra sobretensiones mediante un dispositivo tipo 2 (capacidad media de absorción de energía) instalado lo más cerca posible del origen de la instalación, en el cuadro general de protección y mando CGPM. Un buen lugar es tras el interruptor general automático IGA, de esta forma queda protegida toda la instalación. Se podría colocar en el circuito de alimentación del vehículo eléctrico pero en este caso sólo protegería a este circuito.

Se añade que el Apartado 6.4 de la Guía-BT-52, recomienda instalar una protección contra sobretensiones transitorias de tipo 1 aguas arriba del contador principal, instalándolo en la caja de protección y medida, CPM, en el caso de suministros individuales.

La Guía-BT-52, Apartado 6.4, añade que el dispositivo de protección contra sobretensiones temporales puede instalarse en el circuito de recarga, junto a la estación de recarga o dentro de ella.

Esquema general

Una buena solución sería la reflejada en el siguiente esquema, en donde el punto de recarga ya viene equipado con interruptor automático y diferencial tipo A.

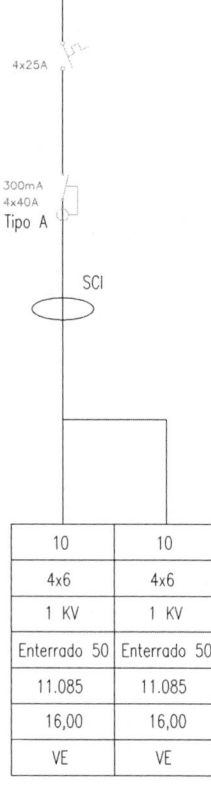

Figura 18. Instalación eléctrica empresa.

Conclusión

Una solución es:

Circuito recarga VE = RZ1-K(AS), $4 \times 6+6$ mm², Φ=50 mm 4432

Instalación sobre bandeja C y bajo tubo enterrado, B1

PIA de 25 A, 6 kA, curva C

DIF de 40 A, 30 mA, tipo A, tipo S

Protector sobretensiones tipo 2 en CGPM tras IGA

14. Alumbrado de emergencia

El anexo III, Apartado 16.2, del Real Decreto 2267/2004, de 3 de diciembre, por el que se aprueba el Reglamento de seguridad contra incendios en los establecimientos industriales indica que contarán con una instalación de alumbrado de emergencia:

a) Los locales o espacios donde estén instalados cuadros, centros de control o mandos de las instalaciones técnicas de servicios o de los procesos que se desarrollan en el establecimiento industrial

b) Los locales o espacios donde estén instalados los equipos centrales o los cuadros de control de los sistemas de protección contra incendios

Se eligen luminarias led de 3 W, 300 lm y se considera que la superficie iluminada es de 60 m² por luminaria.

Se proyecta disponer alumbrado de emergencia en los siguientes lugares:

Tabla 20. Distribución alumbrado de emergencia.

DENOMINACIÓN	SUPERFICIE	ALUMBRADO DE EMERGENCIA					Superficie cubierta	Cumple
		nº	Tipo	Potencia	Lúmenes	Superficie		
Planta Baja								
Vestíbulo	16,85	1	E+S	3	300	150	150	SI
Sala de espera	11,7	1	E+S	3	300	150	150	SI
Oficinas	38,86	2	E+S	3	300	150	300	SI
Comedor	21,85	1	E+S	3	300	150	150	SI
Acceso aseos	4,27	1	E+S	3	300	150	150	SI
Aseo caballeros	4,27	1	E+S	3	300	150	150	SI
Aseo señoras	4,27	1	E+S	3	300	150	150	SI
Laboratorio	20,47	1	E+S	3	300	150	150	SI
Taller	40,56	2	E+S	3	300	150	300	SI
Nave industrial	1032,13	7	E+S	3	300	150	1050	SI
Sala de máquinas	66,6	1	E+S	3	300	150	150	SI
Sala de calderas	25,12	1	E+S	3	300	150	150	SI
Total		20		21	2100	1050	1200	
Planta primera								
Laboratorio	56,53	2	E+S	3	300	150	300	SI
Aseos individual	2,16	6	E+S	3	300	150	900	SI
Aseo vestuarios	16,92	1	E+S	3	300	150	150	SI
Vestíbulo	33,72	2	E+S	3	300	150	300	SI
Vestuarios	19,27	1	E+S	3	300	150	150	SI
Despacho	39,1	1	E+S	3	300	150	150	SI
Total		8		6	600	300	1200	

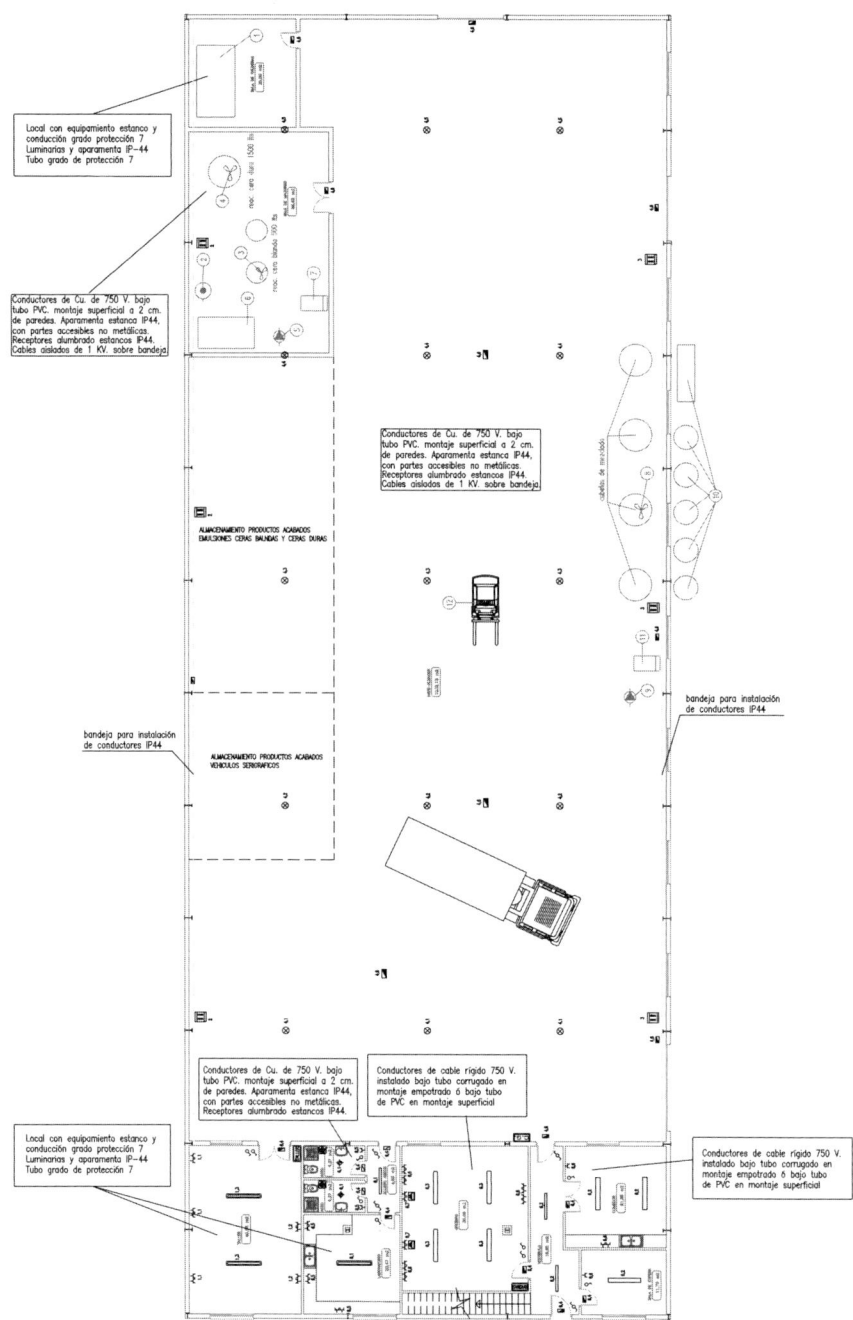

Figura 19. Luminarias de emergencia en planta baja.

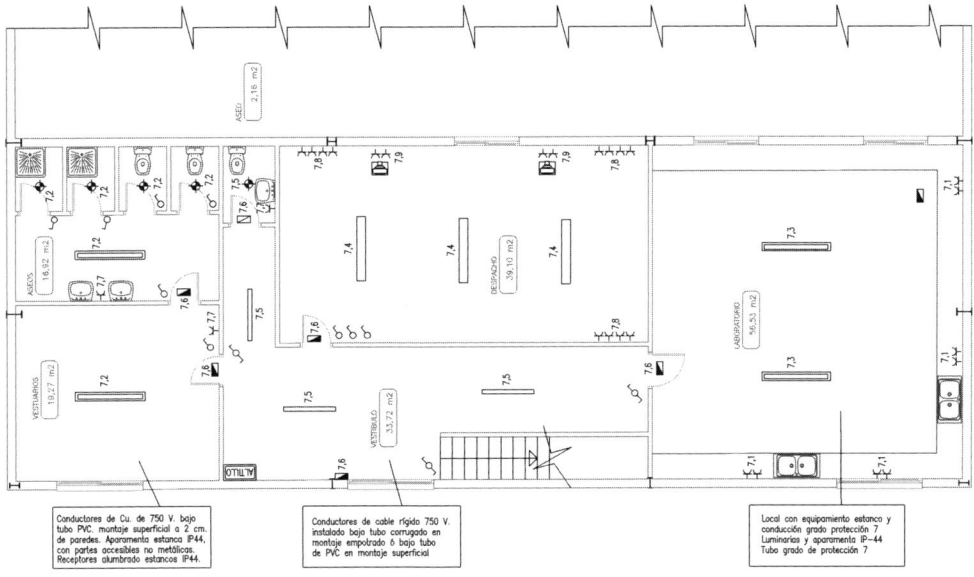

Figura 20. Luminarias de emergencia en planta primera.

15. Cálculos luminotécnicos

15.1. Alumbrado normal

El Real Decreto 486/1997, de 14 de abril, por el que se establecen las disposiciones mínimas de seguridad y salud en lugares de trabajo, indica en el anexo IV que los niveles mínimos de iluminación de los lugares de trabajo serán los establecidos en la siguiente tabla:

Tabla 21. Iluminación según riesgo.

Zona o parte del lugar de trabajo	Nivel mínimo de iluminación
Zonas donde se ejecuten tareas con:	
1º Bajas exigencias visuales	100
2º Exigencias visuales moderadas	200
3º Exigencias visuales altas	500
4º Exigencias visuales muy altas	1.000
Areas o locales de uso ocasional	50
Areas o locales de uso habitual	100
Vias de circulación de uso ocasional	25
Vias de circulación de uso habitual	50

El nivel de iluminación de una zona en la que se ejecute una tarea se medirá a la altura donde ésta se realice; en el caso de zonas de uso general a 85 cm del suelo y en el de las vías de circulación a nivel del suelo.

Para la realización de los cálculos luminotécnicos es habitual emplear programas informáticos de difusión gratuita como el Dialux. Sin embargo, la normativa no exige la utilización de estos programas, por lo que a continuación se expone un cálculo simplificado del nivel de iluminación.

La iluminancia media horizontal mantenida se calcula a partir de la siguiente expresión:

$$E_m = \frac{\phi \times \eta_u \times \eta_m}{S}$$

Siendo:

E_m = Nivel de iluminación medio

$S = a \times b$ = superficie a efectos de cálculos

ϕ = Flujo luminoso de la lámpara

c = Factor de mantenimiento (valor habitual 0,9)

U = Factor de utilización (valor habitual 0,5-0,7)

El cálculo para la zona de nave es, habiendo considerado un rendimiento lumínico de las luminarias de 100 lm/W (led), un factor de utilización de 0,54 (índice de local K=1.25, letra G) y un factor de mantenimiento de 0,9.

$$E_m = \frac{\phi \times \eta_u \times \eta_m}{S} = \frac{(20 \times 130 \times 100) \times 0,54 \times 0,9}{1032,13} = 122,43 \text{ lux}$$

para la zona de taller, resulta:

$$E_m = \frac{\phi \times \eta_u \times \eta_m}{S} = \frac{(8 \times 40 \times 100) \times 0,54 \times 0,9}{40,56} = 383,43 \text{ lux}$$

Lo que justifica que se alcanzan valores adecuados de iluminación.

15.2. *Alumbrado de emergencia*

Para el alumbrado de emergencia realizando el mismo cálculo con las luminarias de emergencia de 300 lm, se obtiene:

Zona nave:

$$E_m = \frac{\phi \times \eta_u \times \eta_m}{S} = \frac{10 \times 300 \times 0,54 \times 0,9}{1032,13} = 1,41 \text{ lux}$$

Zona taller:

$$E_m = \frac{\phi \times \eta_u \times \eta_m}{S} = \frac{2 \times 300 \times 0{,}54 \times 0{,}9}{40{,}56} = 7{,}19 \, \text{lux}$$

Valor superior al mínimo exigido para el alumbrado ambiente o antipánico de 1 lux.

16. Pruebas y reconocimientos

16.1. Resistencia de la toma de tierra

Terminada la instalación la empresa instaladora autorizada, realizará la medida de la resistencia de tierra de la instalación, que será reflejada en el impreso oficial correspondiente para su legalización, en cumplimiento de lo establecido en el ITC-BT-18, Apartado 18.

16.2. Resistencia de aislamiento de la instalación

Terminada la instalación, la empresa instaladora autorizada, realizará la medida de la resistencia de aislamiento de la instalación, que será reflejada en el impreso oficial correspondiente para su legalización.

De acuerdo con lo indicado en el Apartado 2.9 de la ITC-BT-19, el valor de la resistencia de aislamiento no puede ser inferior a 0,5 MΩ.

16.3. Inspección por un Organismo de Control

De acuerdo con lo establecido en la ITC-BT-05, Apartado 4, las instalaciones industriales que precisen proyecto con potencia superior a 100 kW, requerirán inspección inicial y periódica (cada 5 años) realizada por un organismo de control.

La instalación proyectada presenta un potencia prevista de 40 657 kW, por tanto, no se requiere inspección inicial ni periódica.

17. Presupuesto

Todo proyecto incluye un apartado para el presupuesto. La estructura general del presupuesto es la siguiente:

    Presupuesto de Ejecución Material (PEM)

    Gastos Generales (GG)

    Beneficio Industrial (BI)

    Impuesto sobre el Valor Añadido (IVA)

    Presupuesto Total o de Contrata (PC)

El PEM engloba las partidas ejecución, materiales y mano de obra, el GG incluye los gastos indirectos de la empresa ejecutora (oficinas, administración, gastos diversos, etc.). Un valor habitual de GG es el 10% del PEM. El BI indica el beneficio esperado por la ejecución de la instalación. La suma de todos es el Presupuesto Total o de Contrata.

El presupuesto de ejecución material (PEM) se utiliza como base de cálculo en importantes gestiones, como el Impuesto de Construcciones, Instalaciones y Obras (ICIO) de carácter municipal, las tasas de legalización ante la administración competente, etc. Por tanto hay que estar muy pendiente cuando se inician estos procedimientos con la administración.

A continuación se presenta un presupuesto en su modalidad de presupuesto de ejecución material, PEM, de la instalación estudiada en este texto. Es importante indicar que existen muchas aplicaciones informáticas comerciales para confeccionar presupuestos, todas ellas muy completas y referenciadas a bases de datos de la edificación de la zona en la que esté previsto ejecutar la instalación. Estas aplicaciones tienen un coste que en algunas ocasiones no se puede soportar y en otras la urgencia de la entrega del proyecto impide que se disponga del tiempo necesario para estudiar cómo utilizarlos. En estos casos se tiene que realizar un presupuesto con los medios que se disponga, buscando aquellos precios desconocidos en internet. En el caso de una oferta de ejecución habría que consultar precios con los proveedores.

El presupuesto que se presenta a continuación ha sido obtenido del "generador de precios de cype ingenieros".

	Descripción	Medición	Precio	Importe
Ud	Caja de medida con transformador de intensidad CMT-300E, de hasta 300 A de intensidad, para 1 contador trifásico, formada por una envolvente aislante, precintable, autoventilada y con mirilla de material transparente resistente a la acción de los rayos ultravioletas, para instalación empotrada. Incluso equipo completo de medida, bornes de conexión, bases cortacircuitos y fusibles para protección de la derivación individual de 100 A, 120 kA, tipo gG. Normalizada por la empresa suministradora. Según UNE-EN 60439-1, grado de inflamabilidad según se indica en UNE-EN 60439-3, con grados de protección IP43 según UNE 20324 e IK09 según UNE-EN 50102.			
	Comentario			
	CPM	1,00		
	suma	**1,00**	**1121,55**	**1121,55**
M1	Derivación individual trifásica enterrada, formada por cables unipolares con conductores de cobre, RZ1-K (AS) Cca-s1b,d1,a1 4x35+1x35 mm², siendo su tensión asignada de 0,6/1 kV, bajo tubo protector de polietileno de doble pared, de 90 mm de diámetro			
	Comentario			
	Derivación individual	45,00		
	suma	**45,00**	**48,41**	**2178,45**
M1	Circuito interior trifásico formado por cables unipolares H07Z1-K (AS), reacción al fuego clase B2ca-s1a,d1,a1, 4x25+1x25 con conductor multifilar de cobre clase 5 (-K) de 25 mm² de sección, con aislamiento de compuesto termoplástico a base de poliolefina libre de halógenos con baja emisión de humos y gases corrosivos (Z1). Incluso accesorios y elementos de sujeción. Instalado en el interior de cuadro.			
	Comentario			
	Oficinas planta baja	0,20		
	Oficinas planta primera	0,20		
	suma	**0,40**	**39,30**	**15,72**

	Descripción	Medición	Precio	Importe
M1	Circuito interior formado por cables unipolares RZ1-K (AS), siendo su tensión asignada de 0,6/1 kV, reacción al fuego clase Cca-s1b,d1,a1, 4x6+1x16 con conductor de cobre clase 5 (-K) de 6 mm² de sección, con aislamiento de polietileno reticulado (R) y cubierta de compuesto termoplástico a base de poliolefina libre de halógenos con baja emisión de humos y gases corrosivos (Z1). Incluso accesorios y elementos de sujeción. Instalado enterrado bajo tubo de protección de 32 mm.			
	Comentario			
	Puntos recarga vehículo eléctrico	35,00		
	suma	35,00	23,76	831,60
M1	Circuito interior formado por cables unipolares H07Z1-K (AS), reacción al fuego clase B2ca-s1a,d1,a1, 4x10+1x10, con conductor multifilar de cobre clase 5 (-K) de 10 mm² de sección, con aislamiento de compuesto termoplástico a base de poliolefina libre de halógenos con baja emisión de humos y gases corrosivos (Z1). Incluso accesorios y elementos de sujeción. Instalado en el interior de cuadro y bajo tubo de protección de 32 mm de diámetro según planos y esquema eléctrico.			
	Comentario			
	Taller	0,20		
	Alumbrado nave	0,20		
	suma	0,40	17,50	14,00
M1	Circuito interior formado por cables unipolars H07Z1-K (AS), reacción al fuego clase B2ca-s1a,d1,a1, 4x6+1x6, con conductor multifilar de cobre clase 5 (-K) de 6 mm² de sección, con aislamiento de compuesto termoplástico a base de poliolefina libre de halógenos con baja emisión de humos y gases corrosivos (Z1). Incluso accesorios y elementos de sujeción. Instalado bajo tubo de protección de 25 mm de diámetro.			
	Comentario			
	Aire acondicionado	15,00		
	Aire acondicionado	15,00		
	suma	30,00	11,25	337,50
M1	Circuito interior formado por cables unipolares H07Z1-K (AS), reacción al fuego clase B2ca-s1a,d1,a1, 2x2,5+1x2,5, con conductor multifilar de cobre clase 5 (-K) de 2,5 mm² de sección, con aislamiento de compuesto termoplástico a base de poliolefina libre de halógenos con baja emisión de humos y gases corrosivos (Z1). Incluso accesorios y elementos de sujeción. Instalado bajo tubo de protección de 16 mm de diámetro.			
	Comentario			
	Circuitos interiores según planos, incluido circuito batería condensadores	212,00		
	suma	212,00	3,36	712,32
M1	Circuito interior formado por cables unipolares H07Z1-K (AS), reacción al fuego clase B2ca-s1a,d1,a1, 2x1,5+1x1,5, con conductor multifilar de cobre clase 5 (-K) de 1,5 mm² de sección, con aislamiento de compuesto termoplástico a base de poliolefina libre de halógenos con baja emisión de humos y gases corrosivos (Z1). Incluso accesorios y elementos de sujeción. Instalado bajo tubo de protección de 16 mm de diámetro.			
	Comentario			
	Circuitos interiores según planos	221,00		
	suma	221,00	2,55	563,55
M1	Línea de tierra formado por cable unipolar H07Z1-K (AS), reacción al fuego clase B2ca-s1a,d1,a1, 1x16, con conductor multifilar de cobre clase 5 (-K) de 16 mm² de sección, con aislamiento de compuesto termoplástico a base de poliolefina libre de halógenos con baja emisión de humos y gases corrosivos (Z1). Incluso accesorios y elementos de sujeción.			
	Comentario			
	Línea principal de tierra	25,00		
	suma	25,00	4,98	124,50
Ud	Toma de tierra con 4 picas de acero cobreado de 2 m de longitud separadas 4 metros entre sí, unicadas con conductor de cobre desnudo, de 35 mm², con caja de toma de tierra, totalmente instalada, incluida la parte de excavación y obra civil.			
	Comentario			
	Toma de tierra	1,00		
	suma	1,00	415,00	415,00

Descripción	Medición	Precio	Importe
Ud Cuadro general maniobra y protección, totalmente instalado y equipado con interruptores magnetotérmicos y diferenciales, según planos y esquema unifilar			
Comentario			
Cuadro general de protección y mando	1,00		
suma	1,00	1500,00	1500,00
Ud Batería automática de condensadores, para 6,2 kVAr de potencia reactiva, de 2 escalones con una relación de potencia entre condensadores de 1:2, para alimentación trifásica a 400 V de tensión y 50 Hz de frecuencia, compuesta por armario metálico con grado de protección IP21, de 290x170x464 mm; condensadores; regulador de energía reactiva con pantalla de cristal líquido; contactores con bloque de preinserción y resistencia de descarga rápida; y fusibles de alto poder de corte.			
Comentario			
Baterías condensadores	1,00		
suma	1,00	873,62	873,62
Ud Luminaria para industria, de chapa de acero, acabado termoesmaltado, de color grafito acabado texturizado, no regulable, de 130 W, alimentación a 220/240 V y 50-60 Hz, de 640x640x106 mm, con lámpara LED, temperatura de color 4000 K, óptica formada por reflector de alto rendimiento, haz de			
Comentario			
Emergencias	23,00		
suma	23,00	751,57	17 286,11
Ud Luminaria circular fija de techo tipo Downlight, no regulable, de 40 W, alimentación a 220/240 V y 50-60 Hz, de 97,5 mm de diámetro de empotramiento y 112 mm de altura, con lámpara LED no reemplazable, temperatura de color 3000 K, óptica formada por reflector recubierto con aluminio vaporizado, acabado muy brillante, de alto rendimiento, haz de luz intensivo 29°, aro embellecedor de aluminio inyectado, acabado termoesmaltado, de color blanco, índice de deslumbramiento unificado menor de 19, índice de reproducción cromática mayor de 90, flujo luminoso 1878 lúmenes, grado de protección IP20, con flejes de fijación, para empotrar.			
Tienda	30,00		
suma	30,00	147,25	4417,50
Ud Luminaria circular fija de techo tipo Downlight, no regulable, de 10 W, alimentación a 220/240 V y 50-60 Hz, de 97,5 mm de diámetro de empotramiento y 112 mm de altura, con lámpara LED no reemplazable, temperatura de color 3000 K, óptica formada por reflector recubierto con aluminio vaporizado, acabado muy brillante, de alto rendimiento, haz de luz intensivo 29°, aro embellecedor de aluminio inyectado, acabado termoesmaltado, de color blanco, índice de deslumbramiento unificado menor de 19, índice de reproducción cromática mayor de 90, flujo luminoso 893 lúmenes, grado de protección IP20, con flejes de fijación. Instalación empotrada.			
Tienda entrada	8,00		
suma	8,00	142,05	1136,40
Ud Luminaria de emergencia, con tubo lineal led, 1 W - G5, flujo luminoso 220 lúmenes, carcasa de 245x110x58 mm, clase II, IP42, con baterías de Ni-Cd de alta temperatura, autonomía de 1 h, alimentación a 230 V, tiempo de carga 24 h. Instalación en superficie en zonas comunes. Incluso accesorios y elementos de fijación.			
Oficina y puerta entrada	23,00		
suma	23,00	51,19	1177,37
PA Pulsadores, temporizador y pequeño material para la instalación de servicios comunes.			
Partida alzada	1,00		
suma	1,00	300,00	300,00
PA Estación de recarga de coches eléctricos compuesta por caja de recarga de vehículo eléctrico con pantalla táctil y lector de tarjeta RFID, para modo de carga 3, según IEC 61851-1, de 221x152x115 mm, color negro, con grados de protección IP54 e IK10, para alimentación trifásica a 400 V y 50 Hz de frecuencia, de 11 kW de potencia, con un conector tipo 2, intensidad máxima de 32 A, según IEC 62196, soporte de conector y 5 m de cable, con comunicación 4G, vía Wi-Fi, vía Ethernet y vía Bluetooth para control desde un smartphone, tablet o PC, lector de tarjeta SIM para conexión a internet, indicador del estado de carga con led multicolor e interruptor diferencial para protección contra fugas de corriente continua, con acceso a menú de control y programación, mediante contraseña, tarjeta RFID y a través de la App. Incluso elementos de fijación y cuantos accesorios sean necesarios para su correcta instalación. Incluida parte proporcional sistema de contro interno SCI con limitación de potencia a 11 kW.			
Puntos de recarga VE	2,00		
suma	2,00	1027,70	2055,40
TOTAL PRESUPUESTO EJECUCIÓN MATERIAL			35 060,59

18. Legalización

En este apartado se analizan las actuaciones a realizar conducentes a la legalización de la instalación eléctrica ante la administración.

Con objeto de aportar un documento práctico, este texto incluye enlaces con todos los impresos oficiales necesarios para la legalización de la instalación en la Comunidad Valenciana, con lo que se analiza en detalle un caso concreto.

Para otras comunidades autónomas el procedimiento es similar, pues se basa en el REBT, variando únicamente los impresos y la forma de tramitar.

18.1. Procedimiento

Pasos a seguir:

*   Paso 1: solicitud de suministro a la empresa distribuidora, que contesta con un informe técnico que al aceptarse, permite que la citada empresa presente las condiciones técnico-económicas con los números de CUPS de cada suministro.

*   Paso 2: una vez ejecutada la obra, se procede a la presentación de la documentación en la administración competente. Los impresos a presentar, en el caso concreto que se estudia, son los siguientes:

    1. Solicitud (impreso SOLBTCB)

    2. Proyecto y ficha resumen de datos (impreso EE5)

    3. Certificado de Dirección de Obra (impreso CERTINSBT)

    4. Certificados del instalador autorizado (impreso CERTINS-E)

    5. Certificado de inspección inicial por Organismo de Control (CERTOCA) si procede

*   Paso 3: con el certificado del instalador diligenciado por la administración, procede dirigirse a la Compañía Comercializadora para la contratación del suministro eléctrico.

18.2. Proyecto

Según la ITC-BT-04, Apartado 3.1, las instalaciones eléctricas en industrias con potencia superior a 20 kW, requieren proyecto.

En consecuencia, la instalación estudiada con una potencia prevista de 40 657 kW, requiere la redacción de proyecto.

18.3. Visado del proyecto

De acuerdo con el Decreto 1000/2010 sobre visado colegial obligatorio, no es necesario el visado de un proyecto de una instalación eléctrica, si se formaliza la correspondiente Declaración Responsable.

En el caso desarrollado en este texto, se opta por el trámite de visado del proyecto técnico.

18.4. Impresos oficiales

Se adjunta enlace donde el lector puede descargar los documentos oficiales para la legalización de la instalación eléctrica de la industria.

CERINSTBT

http://tiny.cc/0235_CERINSTBT

CERTINSE

http://tiny.cc/0235_CERTINSE

FICHA EE-5-BT

http://tiny.cc/0235_Ficha_EE-5-BT

SOLBTCP

http://tiny.cc/0235_SOLBTCP

19. Cálculos

Se adjunta enlace donde el lector puede descargar la hoja Excel con todos los cálculos expuestos de la instalación eléctrica de la industria.

http://tiny.cc/0235_Calculos_industria

Anexos

Anexo I. Fórmulas habituales de electrotécnica

<table>
<tr><td align="center">Monofásico (U=230 V)</td><td align="center">Trifásico (U=400 V)</td></tr>
</table>

$$U = Z \times I$$

$$U = Z \times I$$

$$P = U \times I \times \cos\phi$$

$$P = \sqrt{3} \times U_L \times I \times \cos\phi$$

$$\Delta v(\%) = \frac{2 \times P \times L}{S \times C \times U^2} \times 100$$

$$\Delta v(\%) = \frac{P \times L}{S \times C \times U^2} \times 100$$

$$\Delta v(\%) = \frac{2 \times L \times I \times \cos\phi}{S \times C \times U} \times 100$$

$$\Delta v(\%) = \frac{\sqrt{3} \times L \times I \times \cos\phi}{S \times C \times U} \times 100$$

$$\Delta v(\%) = \frac{2 \times P}{U^2} \times (R + X \times tg\phi) \times 100$$

$$\Delta v(\%) = \frac{P}{U^2} \times (R + X \times tg\phi) \times 100$$

Con los siguientes valores de X:

Inductancia conductores X (Ω)	
Sección (mm^2)	X (Ω)
S≤120	0
S=150	0,15R
S=185	0,20R
S=240	0,25R

$$I_{cc} = \frac{0,8 \times U_{FN}}{L \times R}$$

$$I_{cc} = \frac{0,8 \times U_{FN}}{L \times R}$$

$$I_s = k \times \frac{S}{\sqrt{t}}$$

$$I_s = k \times \frac{S}{\sqrt{t}}$$

Coeficiente K de los conductores		
Conductor	Aislamiento	K
Cobre	PVC	115
	XLPE/PR/EPR	143
Aluminio	PVC	76
	XLPE/PR/EPR	94

PVC: aislamiento de PoliCloruro de Vinilo

XLPE,PR: Polietileno Reticulado

EPR: Etileno Propileno

Conductividad: cobre C=56; Al=35 (para mayor precisión hay que considerar la variación con la temperatura).

Anexo II. Intensidades máximas admisibles

Reglamento 2002, Tabla 1

Tabla 1. Intensidades admisibles (A) al aire 40 °C. N° de conductores con carga y naturaleza del aislamiento.

Ref	Descripción	1	2	3	4	5	6	7	8	9	10	11
A	Conductores aislados en tubos empotrados en paredes aislantes			3x PVC	2x PVC		3x XLPE o EPR	2x XLPE o EPR				
A2	Cables multiconductores en tubos empotrados en paredes aislantes	3x PVC	2x PVC			3x XLPE o EPR	2x XLPE o EPR					
B	Conductores aislados en tubos[1] en montaje superficial o empotrados en obra					3x PVC	2x PVC			3x XLPE o EPR	2x XLPE o EPR	
B2	Cables multiconductores en tubos[2] en montaje superficial o empotrados en obra			3x PVC	2x PVC		3x XLPE o EPR		2x XLPE o EPR			
C	Cables multiconductores directamente sobre la pared[3]					3x PVC	2x PVC		3x XLPE o EPR	2x XLPE o EPR		
E	Cables multiconductores al aire libre[4]. Distancia a la pared no inferior a 0.3D[5]						3x PVC		2x PVC	3x XLPE o EPR	2x XLPE o EPR	
F	Cables unipolares en contacto mutuo[4]. Distancia a la pared no inferior a D[5]							3x PVC			3x XLPE o EPR[11]	
G	Cables unipolares separados mínimo D[5]									3x PVC[9]		3x XLPE o EPR
mm² (Cobre)		1	2	3	4	5	6	7	8	9	10	11
1,5		11	11,5	13	13,5	15	16	.	18	21	24	.
2,5		15	16	17,5	18,5	21	22	.	25	29	33	.
4		20	21	23	24	27	30	.	34	38	45	.
6		25	27	30	32	36	37	.	44	49	57	.
10		34	37	40	44	50	52	.	60	68	76	.
16		45	49	54	59	66	70	.	80	91	105	.
25		59	64	70	77	84	88	96	106	116	123	166
35			77	86	96	104	110	119	131	144	154	206
50			94	103	117	125	133	145	159	175	188	250
70					149	160	171	188	202	224	244	321
95					180	194	207	230	245	271	296	391
120					208	225	240	267	284	314	348	455
150					236	260	278	310	338	363	404	525
185					268	297	317	354	386	415	464	601
240					315	350	374	419	455	490	552	711
300					360	404	423	484	524	565	640	821

1) A partir de 25 mm² de sección.
2) Incluyendo canales para instalaciones -canaletas- y conductos de sección no circular.
3) O en bandeja no perforada.
4) O en bandeja perforada.
5) D es el diámetro del cable.

Guía-BT-19, Tabla A.

Tabla A, GUIA-BT-19
Intensidades admisibles para cables con conductores de cobre, no enterrados. Temperatura ambiente 40º en el aire

Método de instalación	Número de conductores cargados y tipo de aislamiento											
A1		3x PVC	2x PVC		3x XLPE	2x XLPE						
A2	3x PVC	2x PVC		3x XLPE	2x XLPE							
B1				3x PVC	2x PVC		3x XLPE		2x XLPE			
B2			3x PVC	2x PVC		3x XLPE	2x XLPE					
C					3x PVC		2x PVC	3x XLPE		2x XLPE		
E						3x PVC		2x PVC	3x XLPE		2x XLPE	
F							3x PVC		2x PVC	3x XLPE		2x XLPE

Sección mm² COBRE	2	3	4	5	6	7	8	9	10	11	12	13
1,5	11	11,5	13	13,5	15	16	16,5	19	20	21	24	–
2,5	15	16	17,5	18,5	21	22	23	26	26,5	29	33	–
4	20	21	23	24	27	30	31	34	36	38	45	–
6	25	27	30	32	36	37	40	44	46	49	57	–
10	34	37	40	44	50	52	54	60	65	68	76	–
16	45	49	54	59	66	70	73	81	87	91	105	–
25	59	64	70	77	84	88	95	103	110	116	123	140
35	–	77	86	96	104	110	119	127	137	144	154	174
50	–	94	103	117	125	133	145	155	167	175	188	210
70	–	–	–	149	160	171	185	199	214	224	244	259
95	–	–	–	180	194	207	224	241	259	271	296	327
120	–	–	–	208	225	240	260	280	301	314	348	380
150	–	–	–	236	260	278	299	322	343	363	404	438
185	–	–	–	268	297	317	341	368	391	415	464	500
240	–	–	–	315	350	374	401	435	468	490	552	590
300	–	–	–	361	401	430	461	500	538	563	638	678
400	–	–	–	431	480	515	552	699	645	674	770	812
500	–	–	–	493	551	592	633	687	741	774	889	931
630	–	–	–	565	632	681	728	790	853	890	1028	1071

Se indican como 3x los circuitos trifásicos y como 2x los monofásicos.

A efecto de las instensidades admisibles los cables con aislamiento termoplástico a base de poliolefina (Z1) son equivalentes a los cables con aislamiento de policloruro de vinilo (V)

Tabla B - Tipos de instalación de cables no enterrados

A1	- Conductores unipolares aislados en tubos empotrados en paredes térmicamente aislantes - Cables multiconductores empotrados directamente en paredes térmicamente aislantes. - Conductores unipolares aislados en molduras. - Conductores unipolares aislados en conductos o cables uni o multiconductores dentro de los marcos de las puertas. - Conductores unipolares aislados en tubos o cables uni o multiconductores dentro de los marcos de las ventanas.
A2	- Cables multiconductores en tubos empotrados en paredes térmicamente aislantes.
B1	- Conductores aislados o cable unipolar en tubos empotrados en obra - Conductores aislados o cable unipolar en tubo sobre pared de madera o mampostería separados a una distancia inferior a 0,3 veces el diámetro del tubo. - Conductores unipolares aislados en canales o conductos cerrados de sección no circular sobre pared de madera - Cables unipolares o multiconductores en huecos de obra de fábrica [+)] - Conductores unipolares aislados en tubos dentro de huecos de obra de fábrica [+)] - Conductores unipolares aislados en conductos cerrados de sección no circular en huecos de obra de fábrica [+)] - Conductores aislados en conductos cerrados de sección no circular empotrados en obra de fábrica con una resistividad térmica no superior a $2K \cdot m/W$ [+)] - Conductores unipolares aislados o cables unipolares en canal protectora empotrada en el suelo - Conductores aislados o cables unipolares en conductos perfilados empotrados - Cables uni o multiconductores en falsos techos o suelos técnicos [+)] - Conductores unipolares aislados o cables unipolares en canal protectora suspendida - Conductores aislados o cables unipolares en tubos en canalizaciones no ventiladas [+)] - Conductores unipolares aislados en tubos en canales de obra ventilados - Cables uni o multiconductores en canales de obra ventilados - Conductores unipolares aislados o cables unipolares dentro de zócalos acanalados (rodapiés ranurado)
B2	- Cables multiconductores en tubos empotrados en obra - Cables multiconductores en tubos sobre pared de madera o separados a una distancia inferior a 0,3 veces el diámetro del tubo. - Cables multiconductores en canales o conductos cerrados de sección no circular sobre pared de madera - Cables multiconductores en canal protectora suspendida - Cables multiconductores dentro de zócalos acanalados (rodapiés ranurado) - Cables multiconductores en canal protectora empotrada en el suelo - Cables multiconductores en conductos perfilados empotrados
C	- Cables multiconductores directamente bajo un techo de madera - Cables unipolares o multiconductores sobre bandejas no perforadas - Cables unipolares o multiconductores fijados en el techo o pared de madera o espaciados 0,3 veces el diámetro del cable - Cables uni o multiconductores empotrados directamente en paredes
E	- Cables multiconductores separados de la pared una distancia no inferior a 0,3 D [5)] - Cables unipolares o multiconductores sobre bandejas perforadas en horizontal o vertical - Cables unipolares o multiconductores sobre bandejas de rejilla - Cables unipolares o multiconductores sobre bandejas de escalera - Cables unipolares o multiconductores suspendidos de un cable fiador
F	- Se aplica a los mismos sistemas de instalación que el tipo E, cuando la sección del conductor es superior a 25 mm^2 - Cables unipolares en contacto mutuo separados de la pared una distancia no inferior a D [5)]

Ver notas [1)] a [5)] en la tabla 1.

[+)] *Según la relación entre el diámetro del cable y su alojamiento, puede ser de aplicación el método B2. Dicha relación se indica en la norma UNE 20460-5-523.*

UNE HD-60364-5-52:2011.

Tabla C.52.1 bis. Corrientes admisibles en amperios. Temperatura ambiente 40°C en el aire.

Método de referencia de la tabla B.52.1	Número de conductores cargados y tipo de aislamiento																	
A1		PVC3	PVC2				XLPE 3		XLPE 2									
A2	PVC3	PVC2			XLPE 3		XLPE 2											
B1			PVC3			PVC2					XLPE 3					XLPE 2		
B2		PVC3	PVC2						XLPE 3		XLPE 2							
C						PVC3				PVC2			XLPE 3			XLPE 2		
E							PVC3				PVC2				XLPE 3		XLPE 2	
F									PVC3				PVC2			XLPE 3		XLPE 2
1	2	3	4	5a	5b	6a	6b	7a	7b	8a	8b	9a	9b	10a	10b	11	12	13
Sección mm² Cobre																		
1,5	11	11,5	12,5	13,5	14	14,5	15,5	16	16,5	17	17,5	19	20	20	20	21	23	–
2,5	15	15,5	17	18	19	20	20	21	22	23	24	26	27	26	28	30	32	–
4	20	20	22	24	25	26	28	29	30	31	32	34	36	36	38	40	44	–
6	25	26	29	31	32	34	36	37	39	40	41	44	46	46	49	52	57	–
10	33	36	40	43	45	46	49	52	54	54	57	60	63	65	68	72	78	–
16	45	48	53	59	61	63	66	69	72	73	77	81	85	87	91	97	104	–
25	59	63	69	77	80	82	86	87	91	95	100	103	108	110	115	122	135	146
35	–	–	–	95	100	101	106	109	114	119	124	127	133	137	143	153	168	182
50	–	–	–	116	121	122	128	133	139	145	151	155	162	167	174	188	204	220
70	–	–	–	148	155	155	162	170	178	185	193	199	208	214	223	243	262	282
95	–	–	–	180	188	187	196	207	216	224	234	241	252	259	271	298	320	343
120	–	–	–	207	217	216	226	240	251	260	272	280	293	301	314	350	373	397
150	–	–	–	–	–	247	259	276	289	299	313	322	337	343	359	401	430	458
185	–	–	–	–	–	281	294	314	329	341	356	368	385	391	409	460	493	523
240	–	–	–	–	–	330	345	368	385	401	419	435	455	468	489	545	583	617
Aluminio																		
2,5	11,5	12	13	14	15	16	16,5	17	17,5	18	19	20	20	20	21	23	25	–
4	15	16	17	19	20	21	22	22	23	24	25	26	28	27	29	31	34	–
6	20	20	22	24	25	27	29	28	30	31	32	33	35	36	38	40	44	–
10	26	27	31	33	35	38	40	40	41	42	44	46	49	50	52	56	60	–
16	35	37	41	46	48	50	52	53	55	57	60	63	66	66	70	76	82	–
25	46	49	54	60	63	63	66	67	70	72	75	78	81	84	88	91	98	110
35	–	–	–	74	78	78	81	83	87	89	93	97	101	104	109	114	122	136
50	–	–	–	90	94	95	100	101	106	108	113	118	123	127	132	140	149	167
70	–	–	–	115	121	121	127	130	136	139	145	151	158	162	170	180	192	215
95	–	–	–	140	146	147	154	159	166	169	177	183	192	197	206	219	233	262
120	–	–	–	161	169	171	179	184	192	196	205	213	222	228	239	254	273	306
150	–	–	–	–	–	196	205	213	222	227	237	246	257	264	276	294	314	353
185	–	–	–	–	–	222	232	243	254	259	271	281	293	301	315	337	361	406
240	–	–	–	–	–	261	273	287	300	306	320	332	347	355	372	399	427	482

Tabla C.52.1 bis. Intensidades admisibles en amperios. Temperatura ambiente 40°C en el aire. Conductores de cobre.

Tabla C52,1 bis, HD 60364-5-52:2011																		
Intensidades admisibles en amperios. Temperatura ambienta 40ºC en el aire. Conductores de cobre																		
Método de instalación	Número de conductores cargados y tipo de aislamiento																	
A1		PVC3	PVC2				XLPE3		XLPE2									
A2	PVC3	PVC2			XLPE3		XLPE2											
B1				PVC3		PVC2					XLPE3				XLPE2			
B2			PVC3	PVC2					XLPE3	XLPE2								
C						PVC3				PVC2			XLPE3			XLPE2		
E							PVC3					PVC2			XLPE3		XLPE2	
F									PVC3					PVC2		XLPE3		XLPE2
1	2	3	4	5a	5b	6a	6b	7a	7b	8a	8b	9a	9b	10a	10b	11	12	13
Sección mm² COBRE																		
1,5	11	11,5	12,5	13,5	14	14,5	15,5	16	16,5	17	17,5	19	20	20	20	21	23	–
2,5	15	15,5	17	18	19	20	20	21	22	23	24	26	27	26,5	28	30	32	–
4	20	20	22	24	25	26	28	29	30	31	32	34	36	36	38	40	44	–
6	25	26	29	31	32	34	36	37	39	40	41	44	46	46	49	52	52	–
10	33	36	40	43	45	46	49	52	54	54	57	60	63	65	68	72	78	–
16	45	48	53	59	61	63	66	69	72	73	77	81	85	87	91	97	104	–
25	59	63	69	77	80	82	86	87	91	95	100	103	108	110	115	122	135	146
35	–	–	–	95	100	101	106	109	114	119	124	127	133	137	143	153	168	182
50	–	–	–	116	121	122	128	133	139	145	151	155	162	167	174	188	204	220
70	–	–	–	148	155	155	162	170	178	185	193	199	208	214	223	243	262	282
95	–	–	–	180	188	187	196	207	216	224	234	241	252	259	271	298	320	343
120	–	–	–	207	217	216	226	240	251	260	272	280	293	301	314	350	373	397
150	–	–	–	–	–	247	259	276	289	299	313	322	337	343	359	401	430	458
185	–	–	–	–	–	281	294	314	329	341	356	368	385	391	409	460	493	523
240	–	–	–	–	–	330	345	368	385	401	419	435	455	468	489	545	583	617

Se indican como 3 los circuitos trifásicos y como 2 los monofásicos.
A efecto de las instensidades admisibles los cables con aislamiento termoplástico a base de poliolefina (Z1) son equivalentes a los cables con aislamiento de policloruro de vinilo (V)

Tabla A.52.3. Ejemplos de métodos de instalación proporcionando las indicaciones para determinar las corrientes admisibles.

Elemento nº	Métodos de instalación		Descripción	Método de instalación de referencia a utilizar para obtener las intensidades admisibles (véase el anexo B)
1		local	Conductores aislados o cables unipolares en tubo en el interior de una pared térmicamente aislante [a, c]	A1
2		local	Cables multipolares en tubo en el interior de una pared térmicamente aislante [a, c]	A2

Ele-mento n°	Métodos de instalación	Descripción	Método de instalación de referencia a utilizar para obtener las intensidades admisibles (véase el anexo B)
3	local	Cable multipolar en el interior de una pared térmicamente aislante [a, c]	A1
4		Conductores aislados o cables unipolares en tubo sobre pared de madera o de mampostería, o separado de ella a una distancia inferior a 0,3 veces el diámetro del tubo [c]	B1
5		Cable multipolar en un tubo sobre pared de madera o de mampostería, o separado de ella a una distancia inferior a 0,3 veces el diámetro del tubo [c]	B2
6 7	6 7	Conductores aislados o cables unipolares en canales (incluyendo canales de múltiples compartimentos) sobre una pared de madera o mampostería: — en recorrido horizontal [b] — en recorrido vertical [b, c]	B1
8 9	8 9	Cable multipolar en canales (incluyendo canales de múltiples compartimentos) sobre una pared de madera o mampostería: — en recorrido horizontal [b] — en recorrido vertical [b ,c]	En estudio [d] (El método B2 puede utilizarse)
10	10	Conductores aislados o cables unipolares en canales suspendidos [b]	B1
11	11	Cable multipolar en canales suspendidos [b]	B2
12		Conductores aislados o cables unipolares en molduras [c, e]	A1
15		Conductores aislados en tubo o cables unipolares o multipolares en arquitrabe [c, f]	A1
16		Conductores aislados en tubo o cables unipolares o multipolares en marcos de ventana [c, f]	A1
20		Cables unipolares o multipolares: — fijados sobre una pared de madera o mampostería o separados de la pared menos de 0,3 veces el diámetro del cable [c]	C
21		Cables unipolares o multipolares: — fijados directamente bajo un techo de madera o mampostería	C, con elemento 3 de la tabla B.52.17

Ele-mento n°	Métodos de instalación	Descripción	Método de instalación de referencia a utilizar para obtener las intensidades admisibles (véase el anexo B)
22		Cables unipolares o multipolares: — separados del techo	En estudio. El método E puede utilizarse.
23		Instalación fija de un receptor suspendido	C, con elemento 3 de la tabla B.52.17
30	$\geq 0{,}3\,D_e$ ... $\geq 0{,}3\,D_e$	Cables unipolares o multipolares: Sobre bandejas no perforadas en recorrido horizontal o vertical [c, h]	C, con elemento 2 de la tabla B.52.17
31	$\geq 0{,}3\,D_e$ ... $\geq 0{,}3\,D_e$	Cables unipolares o multipolares: Sobre bandejas perforadas en recorrido horizontal o vertical [c, h] NOTA Refiérase al apartado B.52.6.2 para su descripción	E o F
32	$\geq 0{,}3\,D_e$ ... $\geq 0{,}3\,D_e$	Cables unipolares o multipolares: Sobre soportes o rejillas en recorrido horizontal o vertical [c, h]	E o F
33		Cables unipolares o multipolares: Separados de la pared más de 0,3 veces el diámetro del cable	E o F o método G [g]
34		Cables unipolares o multipolares: Sobre bandejas de escalera [c]	E o F

Ele-mento n°	Métodos de instalación	Descripción	Método de instalación de referencia a utilizar para obtener las intensidades admisibles (véase el anexo B)
35		Cable unipolar o multipolar suspendido o incorporando un cable fiador o arnés	E o F
36		Conductores desnudos o aislados sobre aisladores	G
40		Cables unipolares o multipolares en un hueco de la construcción [c, h, i]	$1,5\,D_e \leq V < 5\,D_e$ B2 $5\,D_e \leq V < 20\,D_e$ B1
41		Conductores aislados en tubo en un hueco de la construcción [c, i, j, k]	$1,5\,D_e \leq V < 20\,D_e$ B2 $V \geq 20\,D_e$ B1
42		Cables unipolares o multipolares en tubo un hueco de la construcción [c, k]	En estudio. Pueden usarse los siguientes: $1,5\,D_e \leq V < 20\,D_e$ B2 $V \geq 20\,D_e$ B1
43		Conductores aislados en conductos cerrados de sección no circular en un hueco de la construcción [c, i, j, k]	$1,5\,D_e \leq V < 20\,D_e$ B2 $V \geq 20\,D_e$ B1
44		Cables unipolares o multipolares en conductos cerrados de sección no circular un hueco de la construcción [c, k]	En estudio. Pueden usarse los siguientes: $1,5\,D_e \leq V < 20\,D_e$ B2 $V \geq 20\,D_e$ B1
45		Conductores aislados en conducto cerrado de sección no circular empotrado en mampostería, de resistividad térmica no superior a 2 K·m/W [c, h, i]	$1,5\,D_e \leq V < 5\,D_e$ B2 $5\,D_e \leq V < 50\,D_e$ B1
46		Cables unipolares o multipolares en conducto cerrado de sección no circular empotrado en mampostería, de resistividad térmica no superior a 2 K·m/W [c]	En estudio. Pueden usarse los siguientes: $1,5\,D_e \leq V < 20\,D_e$ B2 $V \geq 20\,D_e$ B1
47		Cables unipolares o multipolares: – en hueco en el techo – en suelo suspendido [h, i]	$1,5\,D_e \leq V < 5\,D_e$ B2 $5\,D_e \leq V < 50\,D_e$ B1
50		Conductores aislados o cable unipolar en canales empotrados en el suelo	B1
51		Cable multipolar en canales empotrados en el suelo	B2

Ele-mento n°	Métodos de instalación	Descripción	Método de instalación de referencia a utilizar para obtener las intensidades admisibles (véase el anexo B)
52		Conductores aislados o cable unipolar en canal empotrada [c]	B1
53		Cable multipolar en canal empotrada [c]	B2
54		Conductores aislados o cables unipolares en tubo en canal de obra no ventilada, en recorrido horizontal o vertical [c, i, l, n]	$1,5\,D_e \leq V < 20\,D_e$ B2 $V \geq 20\,D_e$ B1
55		Conductores aislados en tubo en canal de obra abierta o ventilada en el suelo [m, n]	B1
56		Cable unipolar o multipolar con cubierta en canal de obra abierta o ventilada en recorrido horizontal o vertical [n]	B1
57		Cable unipolar o multipolar empotrado directamente en mampostería, de resistividad térmica no superior a 2 K·m/W Sin protección mecánica complementaria [o, p]	C
58		Cable unipolar o multipolar empotrados directamente en mampostería, de resistividad térmica no superior a 2 K·m/W Con protección mecánica complementaria [o, p]	C
59		Conductores aislados o cables unipolares en tubo empotrado en mampostería [p]	B1
60		Cable multipolar en tubos empotrado en mampostería [p]	B2
70		Cable multipolar en tubo o en conducto cerrado de sección no circular en el suelo	D1
71		Cable unipolar en tubo o en conducto cerrado de sección no circular en el suelo	D1
72		Cables unipolares o multipolares con cubierta en el suelo: — sin protección mecánica complementaria [q]	D2

Ele-mento n°	Métodos de instalación	Descripción	Método de instalación de referencia a utilizar para obtener las intensidades admisibles (véase el anexo B)
73		Cables unipolares o multipolares con cubierta en el suelo: – con protección mecánica complementaria [q]	D2

NOTA 1   Las ilustraciones no intentan describir productos o prácticas de instalación reales, pero son indicativos del método descrito.

[a]   La capa interior de la pared tiene una conductividad térmica no inferior a 10 W/m²·K.

[b]   Los valores dados para los métodos B1 y B2 en el anexo B son válidos para un solo circuito. En el caso de varios circuitos en la canal se aplican los factores de reducción por agrupamiento de la tabla B.52-17, independientemente de la presencia de barreras o tabiques internos.

[c]   Se debe tener cuidado cuando el cable discurre verticalmente y la ventilación es limitada. La temperatura ambiente en la parte superior de la sección vertical puede aumentar considerablemente. El asunto está bajo consideración.

[d]   Se pueden usar los valores para método de referencia B2.

[e]   La resistividad térmica de la envolvente se supone que es pobre debido al material de construcción y posibles espacios de aire. Cuando la construcción es térmicamente equivalente a los métodos de instalación 6 o 7, puede usarse el método de referencia B1.

[f]   La resistividad térmica de la envolvente se supone que es pobre debido al material de construcción y posibles espacios de aire. Cuando la construcción es térmicamente equivalente a los métodos de instalación 6, 7, 8 o 9, pueden usarse los métodos de referencia B1 o B2.

[g]   También se pueden usar los factores de la tabla B.52.17.

[h] D_e es el diámetro externo de un cable multipolar:
– 2,2 × el diámetro del cable cuando tres cables unipolares están unidos al tresbolillo; o
– 3 × el diámetro del cable cuando tres cables unipolares se tienden en disposición plana.

[i] V es la dimensión más pequeña o el diámetro de un conducto o hueco de mampostería, o la profundidad vertical de un conducto rectangular, un hueco de suelo o techo o una canal de obra. La profundidad de la canal de obra es más importante que la anchura.

[j] D_e es el diámetro exterior del tubo o la profundidad vertical del conducto cerrado de sección no circular.

[l] D_e es el diámetro exterior del tubo.

[m]   Para el cable multipolar instalado en el método 55, utilícese la corriente admisible para el método de referencia B2.

[n]   Se recomienda que estos métodos de instalación sólo se utilicen en zonas donde el acceso está restringido a personas autorizadas para que la reducción en la corriente admisible y el riesgo de incendio debido a la acumulación de residuos pueda evitarse.

[o]   Para los cables que tienen conductores no mayores de 16 mm², la corriente admisible puede ser mayor.

[p]   La resistividad térmica de la mampostería no es mayor que 2 K·m/W. se toma el término "mampostería" para incluir el ladrillo, hormigón, yeso y similares (con excepción de los materiales térmicamente aislantes).

[q]   La inclusión de los cables directamente enterrados en este punto es satisfactoria cuando la resistividad térmica del terreno es del orden de 2,5 K·m/W. Para resistividades del terreno inferiores, la corriente admisible de los cables directamente enterrados es apreciablemente mayor que para los cables en conductos.

Tabla 4. Intensidad máxima admisible, en amperios, para cables con conductores de aluminio en instalación enterrada (servicio permanente).

SECCIÓN NOMINAL mm²	Terna de cables unipolares (1) (2)			1cable tripolar o tetrapolar (3)		
	TIPO DE AISLAMIENTO					
	XLPE	EPR	PVC	XLPE	EPR	PVC
16	97	94	86	90	86	76
25	125	120	110	115	110	98
35	150	145	130	140	135	120
50	180	175	155	165	160	140
70	220	215	190	205	220	170
95	260	255	225	240	235	210
120	295	290	260	275	270	235
150	330	325	290	310	305	265
185	375	365	325	350	345	300
240	430	420	380	405	395	350
300	485	475	430	460	445	395
400	550	540	480	520	500	445
500	615	605	525	-	-	-
630	690	680	600	-	-	-

Anexo III. Conductores habituales, codificación

Cables más usuales en instalaciones en viviendas						
					Cables habituales	
	Tensión asignada	no propagadores del incendio (AS)	Emisión de humos y opacidad reducida (Z1)	Sección mínima Cu (mm²)	Armonizado	No armonizado
LGA	06/1 kV	SI (AS)	SI (Z1)	10		RZ1-k(AS);DZ1-k(AS)
DI	450/750 V	SI (AS)	SI (Z1)	6	H07Z1-k(AS)	RZ1-k(AS);DZ1-k(AS)
Instalación interior	450/750 V	NO	NO	1,5	H07V-K; H07Z1-K	
Centralización contadores	450/750 V	SI (AS)	SI (Z1)	6	H07Z1-R(AS)	RZ1-R(AS)

Forma del conductor	
Clase UNE21022	Letra
Clase 1	U
Clase 2	R
Clase 5	K

Anexo IV. Tablas útiles de especificaciones particulares Iberdrola

Tabla 2
Potencias admisibles en las CGP

Intensidad nominal CGP A	Potencia máxima admisible kW
100	62
160	99
250	155
400	249

1 DATOS BÁSICOS

En este apartado se hace un resumen de los datos básicos que deben tenerse en cuenta para el estudio, cálculo, diseño y explotación de la red de baja tensión.

Tensión nominal..	230/400 V
Frecuencia nominal...	50 Hz
Tensión máxima entre fase y tierra........................	253 V
Sistema de puesta a tierra................................	Neutro unido directamente a tierra
Aislamiento de los cables de red y acometida.............	0,6/1 kV
Intensidad máxima de cortocircuito trifásico.............	50 kA, 1 segundo
Sistema de puesta a tierra................................	Sistema TT

2 INTENSIDAD DE CORTOCIRCUITO PREVISTA EN EL ORIGEN DE LA INSTALACIÓN

Con carácter general, la intensidad de cortocircuito prevista en el origen de la instalación de enlace (CGP) se considerará de 20 kA y para el cálculo del embarrado de la centralización de contadores de 12 kA. En ambos casos para una duración del cortocircuito de 1 segundo.

Intensidad de fusión de los fusibles de clase gG en 5s

I_n	If
40	190
50	250
63	320
80	425
100	580
125	715
160	950
200	1250
250	1650
315	2200
400	2840

(Cosφ) para derivaciones individuales:………..…   1 para monofásico
0,8 para trifásico

(Cosφ) para línea general de alimentación:………   1 para monofásico
0,8 una sola derivación trifásica
0,9 más de una derivación

En la tabla 1 se indican los valores típicos de las potencias de los aparatos elevadores según especifica la Norma Tecnológica de la Edificación ITE-ITA:

Tabla 8

Previsión de potencia para aparatos elevadores

Tipo de aparato elevador	Carga (kg)	N° de personas	Velocidad (m/s)	Potencia (kW)
ITA-1	400	5	0,63	4,5
ITA-2	400	5	1,00	7,5
ITA-3	630	8	1,00	11,5
ITA-4	630	8	1,60	18,5
ITA-5	1000	13	1,60	29,5
ITA-6	1000	13	2,50	46,0
ITA-7	1600	21	2,50	73,5
ITA-8	1600	21	2,50	103,5

Anexo V. Valores nominales equipos y cables

Secciones cables		Diferenciales		Automáticos
Cobre	Aluminio	In	Id	In
1,5		10	30	6
2,5		16	100	10
4		25	300	16
6		40	500	20
10		63		25
16	16	80		32
25	25	100		40
35	35	125		50
50	50			63
70	70			80
95	95			100
120	120			125
150	150			250
185	185			400
240	240			630
300	300			800
400	400			
500	500			
630	630			

Los conductores de aluminio (Al), no suelen tener secciones inferiores a 16 mm^2, ni fabricarse con aislamientos termoplásticos (PVC).

Anexo VI. Diámetros tubos

Tabla 5, ITC-BT-21, canalizaciones empotradas				
Diámetros exteriores mínimos de los tubos				
Sección nominal conductores unipolares (mm^2)	Diámetros exterior de los tubos (mm)			
	1	2	3	4	5
1,5	12	12	16	16	20
2,5	12	16	20	20	20
4	12	16	20	20	25
6	12	16	25	25	25
10	16	25	25	32	32
16	20	25	32	32	40
25	25	32	40	40	50
35	25	40	40	50	50
50	32	40	50	50	63
70	32	50	63	63	63
95	40	50	63	75	75
120	40	63	75	75	–
150	50	63	75	–	–
185	50	75	–	–	–
240	63	75	–	–	–

Anexo VII. Criterios de protección

Criterios para el diseño y protección de circuitos			
Diseño			Observaciones
I < I$_{adm}$			
ΔV ≤ 3%/5%			3% vivienda y alumbrado, 5% otros usos
Protección			Observaciones
	Fusibles	PIA	
Funcionamiento	I < I$_F$	I < I$_P$	
Cortocircuito	I$_f$ < I$_{cc,min}$	I$_m$ < I$_{cc,min}$	I$_{cc}$ al final del circuito
	I$_f$ < Is	I$_m$ < I$_s$	I$_f$, I$_s$ en t = 5s fusible/0,01 s PIA
Sobrecarga	I$_F$ < 0,91I$_{adm}$	I$_p$ < I$_{adm}$	
Poder de corte	P$_c$ > I$_{cc,p}$	P$_c$ > I$_{cc,p}$	En el punto donde se intala

Bibliografía

Curso sobre el Reglamento electrotécnico para Baja Tensión, tomos I y II, Juan de la Cruz Muñoz y Miguel A. Blanco.

Diseño de la instalación eléctrica de un edificio de viviendas. Caso práctico. Editorial UPV, colección apuntes. Salvador Cucó Pardillos

Guía técnica de aplicación del reglamento electrotécnico de baja tensión.

Iberdrola MT 2.80.12, especificaciones particulares para instalaciones de enlace.

Iberdrola NI 76.50.01, cajas generales de protección.

Instalaciones eléctricas, Franco Martín Sánchez, Ed. Escuela de la Edificación. Edición 2013.

Instalaciones eléctricas de baja tensión, 2ª edición, Antonio Colmenar Santos, Juan Luis Hernández Martín, Ed. Rama.

Instalaciones eléctricas: instalaciones eléctricas, RBT. Ed. Paraninfo

Instalaciones Eléctricas de Baja Tensión. Comerciales e Industriales. Cálculos eléctricos y esquemas unifilares. Angel Lagunas Marqués. Ed. Paraninfo

Instalaciones eléctricas de baja tensión en edificios de viviendas. Emilio Carrasco Sánchez. Editorial Tebar.

Proyectos de instalaciones eléctricas de baja tensión. Aplicación a edificios de viviendas. Asunción León, Enrique Belenguer Balaguer, Vicente Sanmartín Sáez. Ed. Marcombo

Reglamento electrotécnico de Baja Tensión, aprobado mediante Real Decreto 842/2002.

Tecnología eléctrica, 3ª edición, marzo 2010 José Roger Folch, Martín Riera Guasp, Carlos Roldán Porta. Editorial Síntesis.